超有趣的植物图

哎呀，植物
竟然这样神奇

〔日〕菅原久夫 ◉ 主编
〔日〕泽田宪 ◉ 著
〔日〕白井匠 栗原崇
桥野千鹤子 ◉ 绘
梁华 ◉ 译

北京联合出版公司
Beijing United Publishing Co.,Ltd.

3

嗯哼！

我们植物不是『不会走动』，而是『不必走动』！

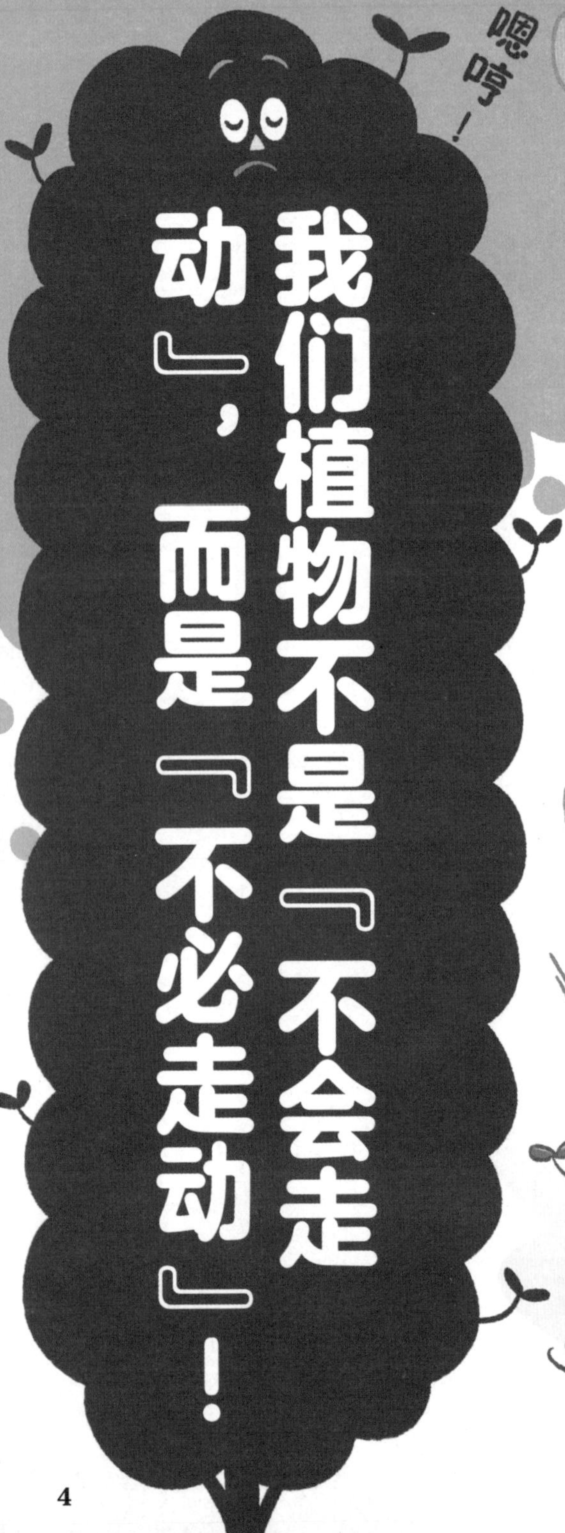

植物通常是不走动的。这是因为植物和动物不同，不必特意走动也能生存。

其秘密就在于『光合作用』。

我们植物不是『不会走动』，而是『不必走动』！

它们居然还在走动，消耗自己的能量吗？

咦？

呵呵

植物的代表：林大雄
树龄100岁

4

最强大的『光合作用』系统

哗~

光合作用是指通过光 + 二氧化碳来制造碳水化合物（植物生长发育所需的能量）的系统！在制造过程中，既不需要食物也不需要走动。

看那些会走动的家伙……

惊慌　失措

啊！好累啊！……

哎呀！跑不动了！……

……要迟到了！

慌慌　张张

5

我们植物是「故意」让动物吃掉的！

好吃 好吃 好吃

硕果累累！

虽然**不走动**是植物生存的「**战略**」，但有时确实不太方便。比如，自己的**子孙后代**只能留在自己生长的周围，有可能**光照**不足，也有可能**营养**不良，还有可能惨遭**斩草除根**、彻底被吃光。总之，不会有什么好事。

于是，植物想出了好办法：既然自己不想走动，那就利用那些到处走动的家伙吧！让它们**吃掉**自己就是办法之一。

嘿嘿

7

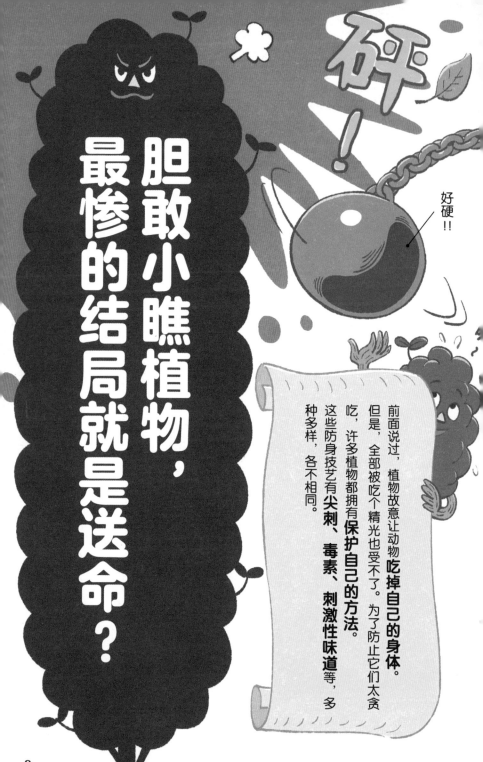

砰！

好硬!!

胆敢小瞧植物，最惨的结局就是送命？

前面说过，植物故意让动物吃掉自己的身体。但是，全部被吃个精光也受不了。为了防止它们太贪吃，许多植物都拥有保护自己的方法。这些防身技艺有尖刺、毒素、刺激性味道等，多种多样，各不相同。

8

9

当我们身处自然环境好的地方时，是否能感到空气清新呢？不过，生物维持呼吸所必需的**氧气**，竟然是植物在完成光合作用时排出的**废气**！

嗯？那可是我们植物排出的废气呢！（笑）

扑哧~

氧气 O₂

植物，执掌地球之牛耳！

13

哎呀，植物竟然这样神奇

目录

第1章
强大无比，神奇 5

第 2 章

长相诡异，神奇 ·········· 43

好难吃

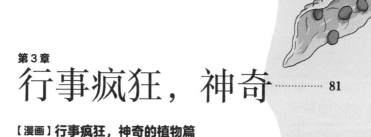

第 4 章

不解其意，神奇 ⋯⋯ 121

【漫画】不解其意，神奇的植物篇

附录

一点也不奇怪！

超浅显易懂的气候类型植物地图

嘿嘿?!
奇妙的漫画!!

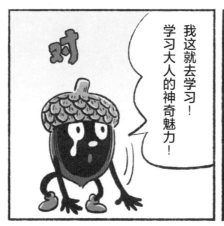

骨碌太郎的爱情故事究竟会走向何方——

第 1 章

强大无比，神奇

强大无比，神奇的植物篇

拜托～啦

哇哦哦～！！

厉害的男人才受欢迎！
首先，
我要向强大且神奇的
植物学习啦！

拜师记1
拟南芥

您好，拟南芥老师！
听说您很厉害啊……

啊啊

咦？看起来
也不觉得
有多厉害呀……

嗯，我能听见它们正在
咀嚼叶子的声音……

哎呀老师！青虫
在吃您的叶子呢！

咔嚓咔嚓
咔嚓

我来讲解一下吧：拟南芥一听见虫子吃自己的声音，就会释放出毒素！

嗯，时间差不多了……

？

咔嚓咔嚓 啊呜啊呜

3、2、1……

啊?!

哎呀~

怎么回事?!

哼

冷笑

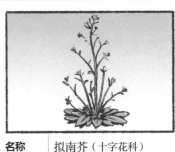

拟南芥为了防身，会释放一种叫『芥子油』的毒素。这种毒素只有当叶子被啃咬时才会生成。也就是说，它一听到虫子的『咀嚼声』就立刻向敌人发起反击。拟南芥这股冷静地摆脱危机的酷劲儿，太令人佩服了。

感知到声音并向敌人发起攻击——太帅了！

名称	拟南芥（十字花科）
分布	世界各地
外形大小	高 15~30 厘米
备注	在日本，通常生长在路边，4~5 月开直径约 5 毫米的白色花朵

我来讲解一下吧：棉豆一旦被外敌（草食类螨虫）啃咬，就会呼唤自己的保镖（肉食类螨虫）来消灭敌人！

棉豆在被草食类螨虫啃咬时，叶子就会释放出一种气体。这种气体的气味会引来肉食类螨虫把草食类螨虫全部吃光。自己不动手就能消灭敌人，这种阴险劲儿也是大人的魅力呢。

原来，利用他人的力量……这也是一种强大啊！

名称	棉豆、利马豆（豆科）
分布	热带、亚热带均有种植
外形大小	茎高可达 4 米
备注	刚结出的嫩豆可煮熟吃，香甜可口。但完全成熟的棉豆有毒，务必注意

我来讲解一下吧：牛膝能让天敌迅速蜕变为成虫，以达到驱逐它们的目的！

啊？这么快？

怎么已经？

嗡嗡嗡嗡

再——见！

青虫一转眼就变成飞蛾啦！

也就是说，牛膝对讨厌的客人采取的是迅速送客的战术啊……

牛膝的叶子里含有一种叫『变态激素』的物质，青虫吃了叶子后，在这种激素的作用下，幼小的身体来不及长大就反复蜕皮，迅速成长为成虫。这种先甜言蜜语再无情抛弃的方式，和恋爱中的男女常用的套路是一样的。

名称	牛膝（苋科）
分布	北海道及冲绳
外形大小	高约 1 米
备注	果实上带有小刺，能附着在动物皮毛或人类衣服上被带到远方

11

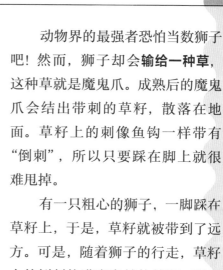

动物界的最强者恐怕当数狮子吧！然而，狮子却会**输给一种草**，这种草就是魔鬼爪。成熟后的魔鬼爪会结出带刺的草籽，散落在地面。草籽上的刺像鱼钩一样带有"倒刺"，所以只要踩在脚上就很难甩掉。

有一只粗心的狮子，一脚踩在草籽上，于是，草籽就被带到了远方。可是，随着狮子的行走，草籽上的倒刺扎进脚底越扎越深，狮子越走越痛。它试图用牙齿咬掉草籽，结果适得其反，草籽扎进嘴里越扎越深。

终于，狮子既不能走路也不能吃东西，原地栽倒动弹不得。最后，**悲惨地变成了魔鬼爪的养料。**

植物数据

名称	魔鬼爪（胡麻科）
分布	南非
外形大小	草籽直径10~15厘米
备注	与恐怖的生长方式相反，其花朵是可爱的喇叭形状

除狮子以外，大象、犀牛等动物的脚也会被毫不客气地刺中。

精准地捕捉昆虫

捕蝇草只会

精准度

捕蝇草是一种食虫植物。对生的两个叶片就像一张大嘴，一旦有昆虫进入**就会迅速闭合，然后用 7~10 天的时间把昆虫慢慢分解后再吃掉**。偶尔也会有雨滴或者小树枝落入叶片里。此时，叶片可不能轻易搞错，把大嘴合上。因为**闭合只是一瞬间的事，想要再次张开，就需要花费 24 小时**。

为此，捕蝇草在叶片内侧配置了 6 根"感应茸毛"，这是一种传感器。如果只有 1 根茸毛被碰触，叶片是没有反应的，但如果 20 秒之内有 2 根茸毛被碰触，叶片就会闭合。**捕蝇草用这种方式就能精准地分辨出落入口中的猎物是否还活着**。

植物数据	名称	捕蝇草（茅膏菜科）	外形大小	叶长 3~12 厘米
	分布	北美洲	备注	如果猎物身形太小，就会从茸毛的缝隙间逃脱

14　　叶片闭合的速度仅为0.1~0.3秒,非常迅速。

健壮度 ●●●

坐禅草会自己发热融化积雪

开~啦~

坐禅草是生长在阴湿山谷里的植物，每年 3~5 月中旬开花。

这个时期，山里还比较寒冷，地面上覆盖着厚厚的积雪。被积雪掩埋，即使开花也毫无意义。

于是，坐禅草决定用热量融化这碍事的积雪！ 它们在积雪之下先让花朵开放，然后靠自己的力量发热，温度可达 20 摄氏度。**为了彻底融化周围的积雪，它们会默默坚守大约一周的发热时间。**

就这样，趁其他植物还未开花，竞争对手不多的时候，坐禅草成功地露出地表，让昆虫们帮忙传播花粉，从而实现子孙后代的繁衍。

名称	坐禅草（天南星科）	外形大小	高约 20 厘米
分布	日本北部及亚洲东北部	备注	中心的黄色部分是花，外侧叫"佛焰苞"

植物数据

用臭味吸引昆虫，所以又被称为"臭菘"。

15

老鼠

舔食甘蜜的时候好开心。
不过，
一旦掉下去就死定了。

粪便

成为马来王猪笼草的
养分。

昆虫们

如果不小心掉入笼中池，
最后……
只能等待化为乌有。

马来王猪笼草是食虫植物。它拥有一个硕大的壶状器官，容积大约有 2 升矿泉水瓶大。猪笼草会散发出一种蜜糖的味道来引诱昆虫，等有昆虫掉入陷阱，猪笼草就会用消化液把它们溶解成糊状并吃光。

话说这种植物的形状，看上去是不是有点像马桶呢？ 事实上也是如此，**它们确实在收集动物的粪便。** 当老鼠被蜜糖诱惑而来，它们就会让老鼠把营养丰富的便便留在这里。

不过，老鼠也有脚底打滑的时候，如果不留神掉进壶里，就会因为壶里面光滑的内壁，再也别想出去了。**结果，老鼠就随同自己排出来的粪便一起被猪笼草溶解得黏黏糊糊。**

植物数据

名称	马来王猪笼草 （猪笼草科）
分布	婆罗洲岛 （印度尼西亚）
外形大小	壶体长约 30 厘米
备注	掉进壶里的还有鸟儿和蝙蝠等

弓背蚁舔食蜜糖的同时会把壶口周围清理干净，使其保持光滑。

捕虫菫能
溶解昆虫

缓慢度

生命
已到尽头……

这种植物长得像菫 (jǐn) 菜，但并不是菫菜。捕虫菫是"狸藻科"食虫植物队伍中的一员。

它生长在阴湿的岩壁和沼泽湿地环境中。仅就此而言，你也许会觉得它生命力顽强，很可爱。然而，**在漂亮的花朵下面却伸展着舌状的叶片，正焦急地等待着昆虫的到来呢！**

捕虫菫的叶片表面黏糊糊的，昆虫一旦被粘住，就别想再离开。接下来，叶片就像用舌头舔嘴唇似的，把虫子卷裹起来，然后就只是慢慢地把它溶解掉。**溶解后的虫子最终化作黑色的渣滓残留在叶片表面。**

植物数据	名称	捕虫菫（狸藻科）	外形大小	叶片长 3~5 厘米
	分布	日本中部及北海道、北寒带	备注	因为可以捕虫、花似菫菜而得名

　叶片表面密密麻麻地生长着可以分泌黏液的蘑菇状短毛。

以昆虫为食

冬虫夏草

啊~~

恐怖度

冬虫夏草是一种菌类，通常用于中药材和中餐的食材。

名字听起来似乎感觉雅致又有品位，但它的所作所为却冷酷无情——寄生在昆虫身上，把昆虫吸成干尸，然后在干尸上生成自己的菌体。

冬虫夏草是菌类，所以没有种子。当它发现在土壤中冬眠的昆虫的成虫或幼虫时，就会伸出纤细的丝状物"菌丝"，进入昆虫体内，将其分解并吸收，以此换取自身的成长。等到了夏天，成长起来的菌体会无声无息地拱破土层露出地面。

当人们拔起冬虫夏草时，被榨干养分的昆虫的干尸也会连带出来。

名称	冬虫夏草 （麦角菌科，菌类）	外形大小	依据寄生的昆虫，形态大小迥异
分布	世界各地	备注	全世界已发现的冬虫夏草的种类有数百种

植物数据

被冬虫夏草寄生的昆虫，可以说都是被折磨死的。

19

好难吃！

叶子一被啃食，瞬间就会变得很难吃

金合欢树的

金合欢树是生长在非洲大陆等地的树种，它们用长而锋利的刺来保护自己。

但是，有些动物根本不在乎那些刺，例如：长颈鹿、骆驼、山羊。它们的口腔内部很坚硬，可以完全忽视尖刺啃食树叶。

于是，金合欢树为了对抗这些动物，让自己长到了 4 层楼那么高。一般的动物是吃不到这个高度的树叶的。

但还是有不怕高的，那就是长颈鹿。它们会把长长的脖子伸进枝叶之间啃食树叶。金合欢树不胜烦恼，于是放出大招——只要长颈鹿开始吃树叶，就立刻输送毒液，让自己的树叶瞬间变得难吃。而且，

金合欢树的叶片表面还有细小的孔，可以释放一种气体，以此来通知周围的伙伴："**我被咬得好惨啊！**"于是，周围的金合欢树随即配合行动，纷纷给叶片输送毒液，让自己和正在被啃食的树变得同样难吃。

　　不过，长颈鹿依然不在乎。它们会去更远的地方寻找不那么难吃的树叶。

植物数据

名称	金合欢树（豆科）
分布	澳大利亚及非洲大陆热带
外形大小	高约 12 米
备注	树枝上也有尖刺，但长颈鹿仍能巧用舌头吃树叶

树叶被啃食2~3分钟后就会变得难吃。

狂笑不止

吃了大笑菇后会

每年夏季至秋季，大笑菇会生长在白桦、山毛榉等树木上。它的外形与食用黄金菇相似，**但大笑菇有汗臭味和苦味，非常难吃，而且有毒。**

误食大笑菇的人，**据说会出现幻觉，脸上还会浮现出"嘿嘿嘿"好似笑的表情。**

然而，这可不是什么令人开心或者充满梦幻的笑，而是大笑菇的毒性导致的面部肌肉痉挛。另外还会**出现头晕目眩、恶心作呕等症状，非常痛苦。**所以，千万不要被这令人愉快的名字欺骗。

植物数据	名称	大笑菇 （丝膜菌科，菌类）	外形大小	菌伞直径 5~15 厘米
	分布	世界各地的阔叶林	备注	从误食到出现症状的时长大约为 5~10 分钟

因为大笑菇的毒素可溶于水，所以也有些地方的人用沸水煮熟，消毒后食用。

嘘……

球果假沙晶兰

以霉菌和菌菇为食

阴湿度
●●○

　　大多数植物都是靠太阳光的照射来制造生长所需的养分。与此相反，如果植物生长在没有阳光的地方，就意味着生命会即刻结束。然而，球果假沙晶兰却颠覆了植物界的这一常识。

　　球果假沙晶兰的成长并不需要阳光。所以，它甚至连接收阳光的叶片都没有。那么，它是如何生长的呢？原来，**它是以霉菌和菌菇为食的。**它伸出珊瑚状的根，从地下的霉菌和菌菇中吸取养分供自己长大。

　　待储存到充足的养分后，球果假沙晶兰就会开花，**看上去就像漫画《鬼太郎》里的眼珠老爹。**

名称	球果假沙晶兰（杜鹃花科）	外形大小	高 5~20 厘米
分布	日本、东亚地区	备注	每年 4~7 月开花，一株多花

植物数据

🐛 在空谷幽境中悄然开放出蓝白色的花朵，因此也被称为"幽灵之花"。

诱惑蜜蜂

铁锤兰会

相爱与背叛的那些日子

铁锤兰与黄蜂篇

是雌蜂！

①相遇

铁锤兰堪称植物界的智者。为了让大家更好地理解它的聪明过人之处，**先来讲一个"黄蜂"的故事。**

黄蜂是一种在土壤中筑巢的蜂。雌性黄蜂没有羽翼，而且只有在交尾时期才会出巢。它出巢后会停在草叶尖上，恭候雄蜂大驾光临。等雄蜂飞来后，就会把雌蜂抱起来远走高飞，因为它们要去完成交尾。

铁锤兰花长得酷似雌性黄蜂。当雄蜂发现铁锤兰花时，很容易上当受骗。"是雌蜂啊！"雄蜂激动地想抱着花飞走。然而，**说时迟那时快，花朵的根部突然向上翻转过来**，雄蜂的头像铁锤一样敲击在雄蕊

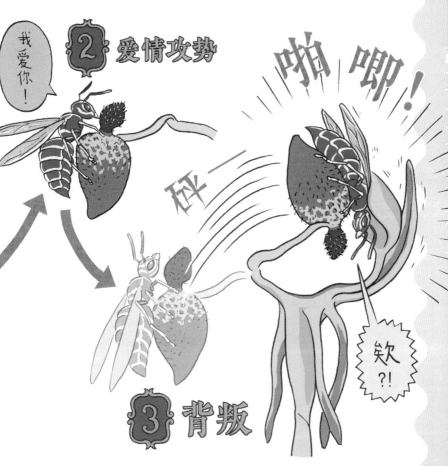

上。此时，雄蜂的背部就会沾满花粉。

不过，雄蜂依旧没有醒悟，它继续把其他铁锤兰花当成雌蜂，"是雌蜂啊！"依旧欣喜地飞过去想抱起来。结果，自己的头一次又一次地被撞击。

就这样，**雄蜂的爱情之梦破灭，铁锤兰却完成了自己的授粉。**

植物数据

名称	铁锤兰（兰科）
分布	澳大利亚西南部
外形大小	高 10~40 厘米
备注	澳大利亚有不止一种可以欺骗昆虫的兰花

铁锤兰不仅花朵形状与雌蜂相似，而且还会散发与雌蜂相似的气味。

哎呀！

这次是被踩了！

不过，没关系！

咳咳

哇哦！

我来讲解一下吧：车前草越是生长在遭人踩踏的严酷环境，长势越旺盛，而且子孙也能不断地繁衍！

快去远方开花吧！

您真勇敢！

我顺便把草籽粘在那人鞋底上了。

沙沙

这是严酷环境下的反击能力啊！太厉害了！

神，实在值得我们学习。

每株车前草上约有 2000 个草籽，草籽一旦被水打湿，就会分泌黏性的汁液。所以，遇到下雨天，草籽就会粘在踩到它的人的鞋底，被带到天南海北。这种逆境中不气馁，坚持自我的精

名称	车前草（车前科）
分布	日本、东亚地区
外形大小	高 10~30 厘米
备注	不惧踩踏碾压，多生长在路边等人流量大的地方

蚁巢玉
雇用蚂蚁当保镖

心机度

蚁巢玉公寓

为各位蚂蚁
提供奢华、
安全且舒适的
居住空间

入住条件

保护我免受
其他
动物伤害

租金要求

请排泄
足量
大便

好想住！

太棒了

这个不错嘛

蚁巢玉，是一种附着在红树林等树木枝条上生长的"附生植物"。

它的外形像一只篮球，体内有许多迷宫似的缝隙空间。**它们把自己的身体提供给蚂蚁做巢穴，以换取蚂蚁的保护，从而不受其他动物的侵袭。**

有趣的是，**根据不同的使用目的，蚁穴内部的各个房间都呈现不同的颜色。**

例如，色彩明亮的房间是蚂蚁女王用来产卵和抚育幼虫的地方；而色彩晦暗的房间则是用来存放吃剩下的虫子或蚂蚁粪便的地方。**蚁巢玉从这些残渣粪便中吸取养分，也就相当于收取蚂蚁的房租。**

植物数据

名称	蚁巢玉（茜草科）
分布	东南亚
外形大小	茎部直径 1~20 厘米
备注	与蚂蚁产生共生关系的植物被称为"蚁栖植物"

蚁巢玉的表面生有许多小孔室，便于蚂蚁钻入。**29**

黏合度

蒲公英用橡胶

封堵敌害的嘴巴

忍者大法之封口术

黏糊糊~

啊呜啊呜

蒲公英实在是一种意志坚强的植物。虽然小孩子轻而易举地就能把它们拔起来，呼呼地吹着玩，**但它们却能在沥青路面的裂缝处生长开花，这种顽强的生命力常出现在歌词里受人称颂。**

更厉害的是，它们还拥有忍者似的高超技艺——用黏黏的橡胶封堵住敌害的嘴。

如果切开蒲公英的茎叶，你会发现从中流出白色的汁液，其实这是液体橡胶。因为液体橡胶一接触到空气就会凝固，所以，**啃食蒲公英茎叶的昆虫的嘴巴就会被橡胶彻底封住。**这一幕完全出乎昆虫的意料，它们陷入恐慌，不敢再继续啃食。

植物数据

名称	蒲公英（菊科）	外形大小	高 10~30 厘米
分布	北温带及北寒带	备注	许多单花瓣的花汇聚在一起，看起来像一朵花

30　液体橡胶还可以保护被昆虫啃食的部分不受细菌侵害，是蒲公英的"创可贴"。

菠萝能分解人的口腔黏膜

嗞哈嗞哈嗞哈

刺痛度

当你吃菠萝的时候，是否有口腔发痒、舌头发麻的刺痛感呢？**这是因为口腔黏膜正在经历着轻微的分解。**

菠萝的果肉里含有一种叫"菠萝蛋白酶"的成分，这种成分可以把肉质分解得更软嫩。听到这里，也许有人会感叹："怪不得咕咾肉这道菜里要放菠萝呢！"不过，**事实并非如此，因为菠萝蛋白酶受热之后会丧失这种分解功能。**咕咾肉里加入菠萝，只是人们追求口味而已。

其实，菠萝的果肉里还含有一种极小的针状物质，名叫"草酸钙针晶"。这就是吃菠萝时，舌头会感觉到刺痛的原因。

名称	菠萝（凤梨科）	外形大小	果实长度约 20 厘米
分布	热带和亚热带	备注	茎较短，每株茎的顶端只结一个果实

植物数据

芋头、芦荟、猕猴桃中也含有草酸钙。

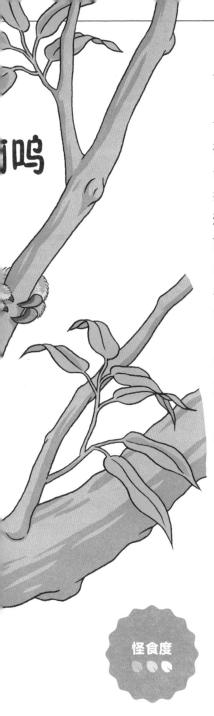

树袋熊妈妈会送给自己的孩子一种特殊的"礼物"，**那就是便便。**

其实，树袋熊是以桉树叶为主食的。不过对于其他动物来说，桉树叶具有极强的毒性，所以吃了就会丧命。桉树就是用这种方式来保护自己的。然而，树袋熊**在自己的肠道里培养了一种能化解桉树叶毒素的细菌，用这种高明的方法克服了毒性。**由于没有其他生物吃桉树叶，所以树袋熊便拥有了可以自由自在吃桉树叶的环境。

不过，刚出生的小树袋熊体内没有这种细菌。小树袋熊宝宝需要通过吃妈妈的便便，把**细菌引入体内**之后才能以桉树叶为食。**便便可以说是进入无限畅吃环境的入场券。**

怪食度

植物数据

名称	桉树（桃金娘科）
分布	澳洲大陆及塔斯马尼亚岛等地
外形大小	高 45~55 米
备注	树叶清香爽口，常用来制作香薰精油

桉树大约有600种，树袋熊吃的只是其中的50种左右。

触摸**金皮树**，会**持续疼痛2年**

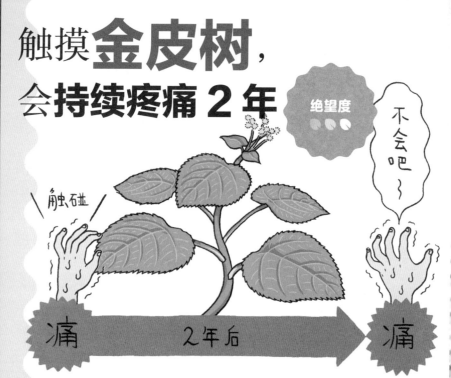

不会吧～

触碰

痛　　2年后　　痛

只听名字，可能会让人联想到它好像是"热带鱼的新品种"呢。不过，**金皮树可没那么可爱。**

生长在澳大利亚的金皮树，是一种能置人于死地的恶魔树。

它不显山不露水地生长在森林中，**一旦有人不小心触摸到它，那将是噩梦的开始。**人的肌肤在被树叶和茎上的小毛刺刺中的瞬间，被刺的人立刻会感到灼烧般的疼痛。而且，**那种痛苦会一直持续数月，甚至长达2年。**有的人还因为难以忍受钻心的疼痛而选择自杀。

万一需要进入可能有金皮树生长的森林，请务必穿戴专业的防护用具以防危险。

植物数据	名称	金皮树（荨麻科）	外形大小	高1~3米
	分布	澳大利亚东北部	备注	茎叶上密布着细小有毒的毛刺

叶片柔软，在森林里几乎能取代手纸使用，但绝对不行！

樟树妨碍其他植物的生长

怎么感觉有堵墙?!

霸凌度

　　樟树是我们生活中常见的树木，比如在公园里就能看到。在有些地区，它还被尊为"神树"，受到人们的崇拜。不过，**它也有阴暗的一面：对待其他植物，樟树竟然用释放毒气的方式，肆意干扰它们的正常生长。**

　　樟树如果发现有昆虫啃食自己的树叶，就会散发出浓郁的"樟脑"香气。研究表明，这种气体**不仅使昆虫无法靠近，就连邻近的其他植物也无法生存。**

　　樟树为什么要释放这种气体呢？至今仍然是谜。也许是出于樟树的阴暗心理：**要想让昆虫远离自己，首先要消灭成为它食物来源的植物！**

名称	樟树（樟科）	外形大小	高约 20 米
分布	日本温暖地带、中国等地	备注	叶片有光泽，如果搓揉叶片会散发出淡淡的清香

据说染井吉野樱花树的落叶也会抑制周围其他植物的生长。

番茄是常见的蔬菜，可以做成沙拉等美食。**它营养丰富，对人的身体很友善，但对昆虫却非常冷酷。**

如果有昆虫啃食番茄的叶子，它会立刻释放出一种气体。这种气体有一种功效，能够让周围的叶子也变得有毒，**以此来杀死附着在叶片上的昆虫幼虫。**

番茄甚至还能食虫。它的茎上密布着有黏性的茸毛，较小的昆虫碰触到这种茸毛后会失去行动能力，直至死亡。**随后，掉落到地面的昆虫遗骸就会化作根的养料被吸收，真是个丝毫不浪费的系统。**

当然，这个系统对人类来说是完全无害的，我们吃番茄的时候大可放心。

植物数据

名称	番茄（茄科）
分布	热带及温带
外形大小	果实直径 1~8 厘米
备注	只要有一片叶子被啃食，信息立刻会传送到整株

水稻、黄瓜、茄子等植物也会释放杀虫气体。

毒番石榴

树下避雨，会浑身剧痛无比

骚乱度

毒番石榴的树上结着许多长得像苹果一样的果实，所以又被称为海滩苹果（Beach Apple）。如果摘下来咬一口，起初你可能会觉得酸甜可口，很好吃，**但不要高兴得太早**。2~3分钟后，咽喉开始肿胀，呼吸也变得困难，甚至陷入奄奄一息的境地。

毒番石榴的毒性有多强呢？2011年，它被吉尼斯世界纪录认定为"世界上最危险的植物"，是超强毒性的拥有者。**就连顺着它的枝叶流淌下来的水滴都有毒**，所以，如果你在毒番石榴树下避雨，那么，当天就有可能全身出现皮疹。

为什么毒番石榴会有如此剧毒呢？人类至今尚未探明原因。

植物数据	名称	毒番石榴（大戟科）	外形大小	高约 15 米
	分布	南北美洲的热带及西印度群岛	备注	有些树上有危险警告的标志

燃烧树枝时散发的烟雾可能导致失明。

危险度

胜利

失败

乌头草的毒 连熊也甘拜下风

乌头草被认为是最危险的剧毒植物之一。人类如果误食，手脚就会出现麻痹或痉挛的症状，全身也会奇痒无比，就像蚂蚁钻入皮肤爬来爬去，非常痛苦。如果症状严重，甚至会搭上性命。

乌头草的毒性全世界闻名。很久以前，乌头草在欧洲曾被用于暗杀工具。此外，在北海道等广袤的北方大地上生活的阿伊努人，也会把乌头草的毒液涂抹在箭镞上，用来猎捕熊。

也许有人会认为猎捕到的熊已经身中剧毒，熊肉是不能食用的。**而其实乌头草的毒素在经过长时间加热后，毒性会基本消失。所以，只要把熊肉充分烧烤熟，就可以食用。**

名称	乌头草（毛茛科）	外形大小	高约 1 米
分布	北温带及北寒带	备注	毒性在植物界属最强，自然界中仅次于河豚毒

植物数据

乌头草的毒素根据使用方法也可以成为缓解疼痛的麻醉药。

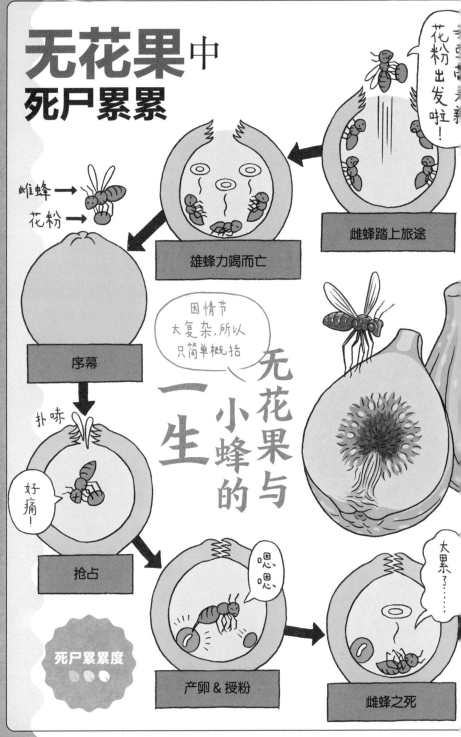

无花果中
死尸累累

花粉出发啦！

雌蜂踏上旅途

雄蜂力竭而亡

雌蜂 →
花粉 →

序幕

因情节太复杂，所以只简单概括

无花果与小蜂的一生

扑哧

好痛！

抢占

死尸累累度

产卵&授粉

雌蜂之死

太累了……

40

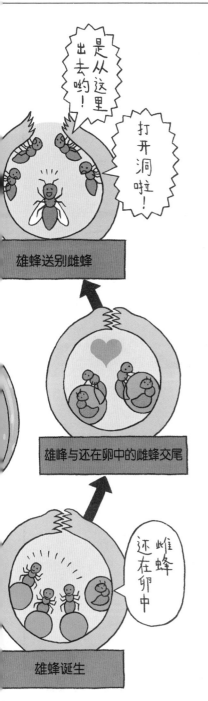

是从这里出去哟！

打开洞啦！

雄蜂送别雌蜂

雄蜂与还在卵中的雌蜂交尾

雌蜂还在卵中

雄蜂诞生

无花果其实并不是真的没有花，只是从外表看不到而已。

它们是让自己的雄花和雌花都开在看似果实的"花序"里。

可是，这样一来，无花果不就无法结果和生产种子了吗? 没关系，**它们会招来小蜂，利用小蜂把雄花的花粉授给雌花。**

对小蜂来说，无花果里可以说是非常安全的巢穴，所以也不算是苦差事。 小蜂因帮助无花果授粉，换来的是可以在花序中生产至少 100 颗卵。**当然……这个交易是有附加条件的。** 那就是——最终能活着离开花序的，只有出生在这里的下一代雌蜂。

甘甜美味的无花果果实里，想不到会有力竭而亡的母亲和许多下一代雄蜂，真是死尸累累啊!

植物数据

名称	无花果（桑科）
分布	非洲及阿拉伯半岛
外形大小	果实直径 2~3 厘米
备注	一棵树上能结成千上万个果实

超市里出售的无花果品种,里面没有虫,请尽管放心。

这次拜师，我学习到了各种各样的强大……

如果真的要模仿的话，还是很困难……

有没有那种一看就觉得诡异的植物呢？一看就……那就是长相喽！

好！那我接下来要去向那些长相诡异的植物学习啦！

哇哦～

这么轻易就有新想法了吗？·没关系吧，骨碌太郎——

未完待续！

长相诡异，神奇

第 2 章

我来讲解一下吧：榕树是在其他树上发芽之后才长出根的！

嘻嘻嘻，我要把那棵树缠绕起来绞死！

救、命、啊……

嘎吱

嘎吱

咦？里面有一棵别的树？

这长得也太诡异了……
而且生长方式也很恐怖！
我得小心，可别被缠住！

榕树的种子会混在鸟粪中掉落到其他树上。种子发芽后一直向下再向下长出根，等接触到地面，榕树就会加速成长！就是说，榕树是覆盖在其他树木表面生长的。它看起来像不像摇滚乐队成员呢，长发遮面。

名称	榕树（桑科）
分布	热带、亚热带
外形大小	高约 20 米
备注	被寄生的树木枯萎后，树干内部变成空心，呈网状

45

拜师记2
苔藓堆

好冷……我在南极的湖水里……

哎呀?!

哇!这里有好多圆圆的光头呢?!

啊啵啵~

呜~哇~

我来讲解一下吧·苔藓堆长到80厘米的高度需要花费大约2000年的时间，是一种超慢速生长的长寿植物！

告诉你吧，它已经2000岁啦！

又来了！就会出难题！

我是苔藓，你猜我多大了？

啊！原来这些圆圆的光头，是花了这么漫长的时间才长成的啊！

全世界仅在南极大陆湖底等三处发现过苔藓堆。它们是几十种藻类植物和细菌的共生体，经过1000~2000年的时间才能长到80厘米高。几乎是与耶稣同时诞生的大神啊！

慢悠悠地花很长时间长成这么诡异的模样……真是神奇的家伙！

名称	苔藓堆（薄囊藓属，苔藓植物）等
分布	南极洲、南美洲
外形大小	高60~80厘米
备注	苔藓堆周围生活着能在极端环境中生存的"水熊虫"

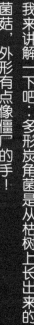

因其独特的外形，多形炭角菌也被称为『死人手指』。它们专门选择枯萎的树木栖身，以食腐木让自己成长，这种生存方式也很像僵尸啊。这个外形吓人的家伙，事实上也确实吓人。这种里如一的态度也是一种魅力啊。

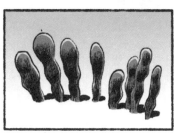

名称	多形炭角菌（炭角菌科，菌类）
分布	世界各地
外形大小	高 3~10 厘米
备注	整体又黑又硬，切开后内部为白色，呈空洞状

咯吱……

咯吱……

咯吱……

阿甘树 上
长满山羊

吱……

咯吱……

位于摩洛哥的撒哈拉沙漠全年几乎没有降水,夏季气温超过 50 摄氏度。阿甘树能在这样严酷的环境中成功地生存至今,**全靠不断增强自身的抗热能力。**

不过,在演化过程中,发生了一件意外的事——**山羊居然大摇大摆地上树了。**因为对动物来说,树上结的果实是润喉止渴的珍贵食物。虽然阿甘树的树干有些弯曲,树枝上还有尖刺,但丝毫没有阻止山羊们的热情。它们**大口大口地咀嚼着果实,"呸"地吐出果核,**种子就这样被丢到地面。

另外,对阿甘树来说,被山羊啃食也不完全是坏事。**山羊的粪便掉落到树下会成为宝贵的肥料,**可以帮助阿甘树生长得更加高大。

热闹度

植物数据

名称	阿甘树(山榄科)
分布	摩洛哥南部
外形大小	高约 8~10 米
备注	近年来数量减少,有灭绝危机

从种子里榨取出的"阿甘油"品质绝佳。

阿切氏笼头菌
酷似章鱼

是在叫我吗?

如果你在登山途中突然听到有人大喊:"**看! 有只章鱼戳进地里了!**"那他不是该去看心理医生,就是看到了阿切氏笼头菌。

这种菌是长得像乌龟头的"白鬼笔"蘑菇的同类,但不知为什么,它竟然长成了像**煮熟的章鱼爪**的形状。**这些"爪"是从鸡蛋形状的部位里长出来的。**当它发出的腐臭气味散尽后,不过数小时就会枯萎。

"这是怎么回事呢?"也许你会产生疑问。其实这也是有原因的。**这种近似动物尸体的气味能吸引苍蝇飞来**,有助于阿切氏笼头菌传播孢子(相当于蘑菇的种子)。

植物数据	名称	阿切氏笼头菌 (鬼笔科,菌类)	外形大小	爪部长度约 10 厘米
	分布	世界各地	备注	孢子沾在苍蝇身上被运送到远方

可以食用。据说生吃的味道有点像小水萝卜。

达尔文蒲包花
具有外星人风格

身份不明度

　　电影 *E.T.* 讲述的是外星人与小男孩之间纯真友谊的温暖故事，1982 年上映时曾风靡全球。

　　与这部电影里出现的外星人 E.T. 的外貌极其相似的花正是达尔文蒲包花。它是 19 世纪 80 年代前期，由著名进化论奠基人达尔文发现的。

　　花朵上有一个像双手捧着白色托盘的部分，那是专供鸟类啄食的饵料。鸟类在啄食的过程中头部会沾上花粉，啄食之后，它们便带着花粉飞向其他花朵。显然达尔文蒲包花是让鸟类来帮助自己完成授粉的。看上去不太聪明的花，其实很聪明呢。

名称	达尔文蒲包花（蒲包花科）	外形大小	高约 10 厘米
分布	南美洲南部	备注	生长在寒冷地带，昆虫少，所以依赖鸟类

植物数据

🌙 别名是"达尔文的拖鞋"。

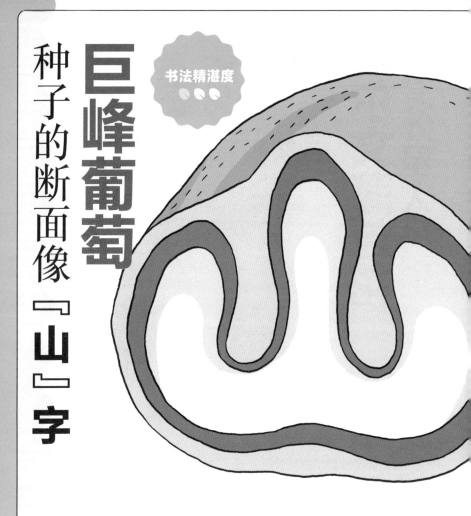

书法精湛度

巨峰葡萄

种子的断面像『山』字

在众多的葡萄品种中，巨峰葡萄因为果实超大而被称为**"葡萄之王"**。

但是，为什么这种葡萄的名字要用表示"巨大的山峰"——"巨峰"命名呢？

原来 1942 年问世的巨峰葡萄，并不是自然界原生的葡萄品种，而是一位名叫大井上康的日本科学家，**从大正年间（1912-1926）起，经过二十多年苦心研究培育出来的**。据说，培育成功的那一天，**这位科学家看到了研究所窗外雄伟的富士山，于是就给葡萄起了"巨峰"的名字**。

如同"巨峰"这一满含科学家热情的名字一样，**只要我们把巨峰葡萄的种子切成圆形断面，就能看到里面藏着一个"山"字**。种子发芽所

切开任何
一粒种子
都是一个
山字啊

葡萄印

必需的营养储存在叫作"胚乳"的白色部分，这部分看上去恰好像"山"字的形状。

据说科学家在从事研究工作期间正处于战争时期，葡萄的培育遇到了重重困难。**这个"山"字可谓意味深长**，仿佛在告诉人们历史有多么沉重。

植物数据

名称	巨峰葡萄（葡萄科）
分布	日本培育的品种，在日本各地均有种植
外形大小	果实直径约3厘米
备注	利用美国和欧洲的葡萄杂交培育而成

巨峰的正式名称是"石原森田尼"。

哇哇哇哇

长得像婴儿
曼德拉草的根

诡异度

曼德拉草这种植物，春季开淡紫色花，初夏时结出长得像青苹果似的可爱果实……这样的外表难免让人放松警惕。当你把它连根拔起来的时候，瞬间就会被惊呆！**曼德拉草根的形状简直太像刚出生的婴儿了**，而且四肢还有些扭曲，不是一般的诡异。

曼德拉草因此被称为有恶魔居住的植物。传说它被拔出时会**发出凄厉的惨叫声**，而听到惨叫声的人还有可能会被吓死。

不过曼德拉草也确实有毒，如果有人误食会出现幻觉，严重的还会丧命。由此可见，传说也不见得是无稽之谈。

植物数据	名称	曼德拉草（茄科）	外形大小	根部最长可达 45 厘米
	分布	地中海周边地区及中国西部	备注	作家J.K.罗琳在其作品《哈利·波特》里也有提及

过去，人们为了避免听到曼德拉草的惨叫声，会训练狗来挖掘。

盐肤木上的树瘤是蚜虫的家

疙疙瘩瘩度

好踏实啊

好舒适哦

密密麻麻……

如果有人问盐肤木："你的天敌是谁?"它一定会立刻回答："是蚜虫!"

每年到了春天，蚜虫就会吸食盐肤木树叶上的汁液。不知为什么，**被吸食过的地方会渐渐地膨胀起来，最后形成一颗大树瘤。**数以千计的蚜虫会在这里安家落户（树汁还能无限饮用）。

当然，盐肤木也会进行抵抗。**为了不被蚜虫吸食，它们分泌出一种叫"单宁"的物质，好让自己的身体变得硬朗一些。**可是，蚜虫依旧会用像吸管一样的嘴巴吸食汁液，所以，这招对蚜虫基本无效。盐肤木也只好作罢。

名称	盐肤木（漆树科）	外形大小	树瘤长约 8 厘米
分布	日本全国、朝鲜半岛、喜马拉雅地区	备注	树瘤中的蚜虫体长 2~3 毫米

植物数据

树瘤中聚积的单宁，在江户时代曾被用作药物或染黑齿的原料。

57

热唇草形似
性感红唇

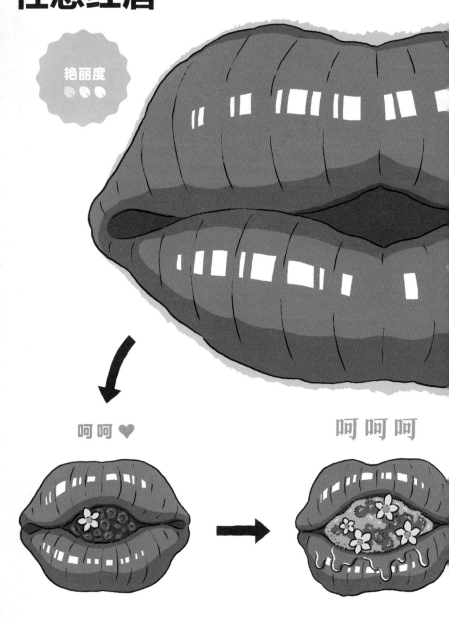

艳丽度

呵呵 ♥

呵呵呵

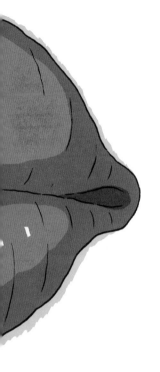

据说，日本小说家夏目漱石曾经把英文"I love you"翻译为"月色真美啊"！按照这个方式，如果一位丈夫觉得妻子的妆容过于浓艳，可又难以启齿，是不是含蓄地说一句**"你的嘴唇真像热唇草啊！"**也不错。

热唇草是生长在南美洲亚马孙河流域的一种植物，**它的外形酷似涂了鲜红色唇膏的双唇**。不过，长得像嘴唇的这个部位并不是它的花朵，而是苞叶，能起到保护花蕾的作用。

热唇草开花时，从两片苞叶之间的缝隙处会开出小巧可爱的花朵，之后慢慢结出蓝黑色的果实，看上去宛如刚出生的外星人。顺便说一下，据说热唇草的花可入药，有治疗头痛的功效。

呵 呵 呵 呵

植物数据

名称	热唇草（茜草科）
分布	中南美洲热带地区
外形大小	苞叶宽约 3 厘米
备注	英文名称为 *sore mouth bush, sore mouth* 意为"口腔溃疡"

在当地还被称为"婚礼热吻""热唇"等。

有爱心图案♡

倒地铃的种子上

嘿！

倒地铃是一种藤本植物，生长在以热带为主的广泛区域。它既可以在篱笆墙上攀缘而上，也可以从窗台上像窗帘一样垂挂下来，是一种很受欢迎的观赏植物。

倒地铃在日本又被称为"风船葛"，因为它的果实长得很像气球（日语"风船"即气球），种子长在果实里，**而种子的表面有清晰的爱心图案**。这可不是为了拍照上传到自媒体成为网红，而是种子在吸收养分时留下的痕迹，就像种子的肚脐。

能用心形保存这份浓浓的母爱，实在是一个美妙的故事。不过，**假如你用油性笔在心形图案上画上眼睛和鼻子，瞬间仿佛看到了一张猴脸。**

植物数据	名称	倒地铃（无患子科）	外形大小	种子直径约5毫米
	分布	热带和亚热带	备注	在日本，每年6~7月开花，花的颜色为白中带绿

60　　学名Cardiospermum，意为"爱心种子"。

揪心度

请不必为我担心

出血齿菌浑身鲜血淋漓，令人担忧

　　出血齿菌是生长在森林里的一种蘑菇，分布在北美洲及欧洲等地。**外表看上去就像有人身受重伤，浑身鲜血淋漓。要想让"怪医黑杰克"来医治的话，大概要收人民币 3000 万元才肯出手相救吧。**

　　这种蘑菇因此也被称为"**出血菌**"，不过，请不必为它们担心。它们当然不是真的在出血。从菌伞部分渗出的红色液体，具体成分尚不明确，但据说有防止细菌繁殖的作用。

　　此外，只有年轻的出血齿菌才会渗出红色液体。随着它们的生长，液体会不断渗入到白色的菌伞中，**于是就长成了最常见的褐色蘑菇。**

名称	出血齿菌（烟白齿菌科）	外形大小	伞部直径 3~8 厘米
分布	北美洲及欧洲	备注	红色液体常在外部环境湿度较高时渗出

植物数据

　　没有正式的日语名，网上有称之为"菠萝菇"的。

我来讲解一下吧。大叶南洋杉有多高大？——要是不小心被它的松果砸中，那是会送命的！王莲的叶子有多大？——一片叶子上能载人呢！

嗨~

喂~

天啊！这么高大！

我都没法和你们同框了！

虽然形状很普通，但过于巨大，就很诡异！

大叶南洋杉的松果大小有菠萝那么大。王莲生长在水中，叶片直径达2~3米，是世界上叶片最大的水生植物。

名称	大叶南洋杉、阔叶南洋杉（南洋杉科）
分布	澳大利亚
外形大小	松果长20~30厘米
备注	单个松果重约10千克

名称	王莲（睡莲科）
分布	南美洲亚马孙河流域
外形大小	叶片直径最大可达3米
备注	花也很大，直径可达40厘米。以甘甜香气吸引昆虫

意大利红门兰

就像**没穿衣服的人**

一个光溜溜 ←

赤裸裸度

这是一种奇妙的植物，**花的造型看上去就像一群没有穿衣服的男人——这就是意大利红门兰。**它生长在地中海地区温暖的草原上，长成后高约50厘米，会开出许多约2厘米大的花朵，像风信子那样群花齐放。

意大利红门兰是一种群生植物，由许多植株**汇聚在一个狭小的空间里。**也就是说，一株是一群裸男，多株就构成大群裸男，**说它们是裸男狂欢节也不为过。**

顺便说一下，意大利红门兰的学名 *Orchis italica* 中的 *Orchis* 是希腊语，意为"睾丸"。据说这个名称的由来是因为**这种植物有两个圆形的球根。**不过，起名字的时候，为什么不能再稍微多思考一下呢！

一群光溜溜
↓

植物数据

名称	意大利红门兰（兰科）
分布	地中海周边
外形大小	高约50厘米
备注	生长在地中海周边光照良好的草原上

这种植物最早在日本被称为"兰花中的精灵"。名称很重要吧。　**65**

海椰子的种子像屁股分成两瓣

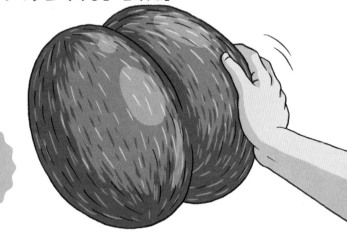

抖臀度

这个种子，超级大。 海椰子的种子一般需要 8 到 10 年的时间才能成熟。成熟的种子长度约 45 厘米，重量可达 18 千克，已经被吉尼斯世界纪录认证为**世界上最大的种子。**

还有一点不能忽略，就是它那独具特色的形状。低调地说，不管怎么看，**它都酷似人类的屁股。** 而且，不知道为什么，尺寸还是一比一。可能因为它奇特的外形，以前，曾经有人把在海边捡到的海椰子种子，当作"能让人兴奋的药物"出售到海外。

顺便要说一下，海椰子是一种非常珍贵的树种，仅生长在印度洋上的普拉兰岛。所以请务必注意：**随便捡拾海椰子的种子是要被逮捕的。**

植物数据	名称	海椰子（棕榈科）	外形大小	种子长约 45 厘米
	分布	普拉兰岛（塞舌尔群岛）	备注	普拉兰岛上群生着约 2000 株海椰子

据说海椰子树的寿命是 500~1000 年。

偷袭度

好臭！

小心坠落物

咔嚓！

又圆又重又臭
炮弹树的果实

"炮弹树"的确名副其实，球形的果实巨大且坚硬，直径可达 20~30 厘米，真的就像一颗炮弹。而且，**果实一成熟就会从树上掉下来爆炸。**

果实的里面是柔软的果肉和种子，**呈牛仔蓝色，但散发着十分刺鼻的臭味。**

更有个性的是，炮弹树的花和果实并不是长在树枝上，而是直接长在树干上。由于南美洲的热带丛林里生长着许多高大的植物，让花和果实长在竞争对手少的树干上，是为了便于吸引更多的昆虫和鸟类光顾。**不过，因为它的果实可能会突然掉下来**，所以，人类还是不要随便靠近炮弹树，以免被掉下来的果实砸伤。

名称	炮弹树（玉蕊科）	外形大小	果实直径 20~30 厘米
分布	南美洲北部热带	备注	果实掉到地上时，会随着一声巨响炸裂开

植物数据

当地人把果实的果肉当成感冒药，果壳则被用作容器。

龙血树的伤口处会流血

热血度

　　龙血树（Dragon Tree），一个听起来让热血少年振奋不已的名字，不过，这种植物长得很像蘑菇。

　　它们生长的索科特拉岛几乎全年不下雨。为了从带有海水的雾气中尽可能有效地吸收为数不多的水分，它们才让自己长成像完全撑开的雨伞形状。

　　可能你会认为，龙血树的名字挺唬人，实际并没有那么令人振奋。别着急，说遗憾还太早。**如果用小刀在树干上轻轻划一刀，伤口处就会流出如同鲜血般的红色汁液**！还有，只要具备合适的条件，龙血树可以存活 8000 多年，可以说是世界上最长寿的树木之一。

　　这么独一无二的龙血树。也许你会认为，它们流的血一定很珍

贵，从古至今一直被当地村民们视为长生不老的秘方吧。其实不然，**当地人把龙血树的红色汁液用来做牙膏的原料，让它始终活跃在人们的日常生活中。**

　　近年来，受全球气候变暖的影响，海风的风向发生了改变，雾气随之减少。龙血树正面临灭绝的危险。

　　索科特拉岛于2008年被列入世界自然遗产名录。

鹿花菌

长得像大脑

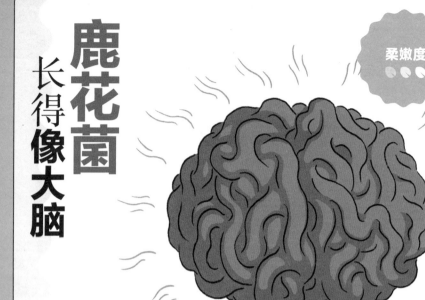

走在山里，如果有人突然惊叫："地上掉了一颗大脑……"那么这个人不是僵尸游戏玩得太多，就是看到了鹿花菌。

鹿花菌是一种蘑菇，生长在杉木林或桧木林中。**它的外形看上去软绵绵的，像极了不规则的大脑，而且毒性极强。**

如果有人误食就会引发呕吐、腹泻、痉挛等症状，严重的还会导致内脏出血，甚至死亡。

话说回来，用水煮这种蘑菇时，哪怕是吸入冒出的水蒸气，也都会让人感到不舒服，可能没人愿意吃吧。

植物数据	名称	鹿花菌（平盘菌科，菌类）	外形大小	直径 3~10 厘米
	分布	北半球的温带及寒带	备注	每到春季就会在森林里破土而出

有些地方，人们用特殊方法对其进行无毒处理后食用。

月夜菌在

听名字也许就可以想象得出来，这是一种夜晚发光的蘑菇。月夜菌含有一种特殊的发光物质，它们用发光的方式吸引昆虫，以便让昆虫把孢子传播到远方。

月夜菌就像黑暗中映照出的月光般美丽动人。不过，千万不要被它美丽的外表蒙蔽。

其实，月夜菌在日本可是造成食物中毒最多的毒蘑菇。误食者会出现腹痛、眩晕等症状。

而导致误食者层出不穷的原因也很简单，因为月夜菌在不发光的时候，和香菇长得一模一样。

名称	月夜菌（侧耳科）	外形大小	菌伞的长度约 10~20 厘米
分布	日本各地	备注	多生长在枯萎的山毛榉树干上

植物数据

有些月夜菌老了以后就不再发光。

71

香蕉其实是草

欺骗度

怎么看都是树！

　　香蕉，美味又可口，所以备受人们喜爱。不过，关于香蕉的生态环境，也许有很多人还不知道吧。

　　首先，香蕉虽然看起来是从"树"上结出来的果实，可它并不是树。**其实，香蕉是一种草。**看上去像树干的部分，是香蕉的叶子，称为"伪茎"，是由多层硕大的叶子重叠在一起形成的。**换句话说，香蕉很像细长形状的洋葱构造，它真正的茎是埋在地下的。**

　　其次，**如果剥开香蕉皮，用手指戳一下果肉顶端的正中央，很容易就能分裂成三瓣。**这是香蕉种子残留下来的痕迹。事实上，香蕉原本是有种子的，但在大约 12000 年前突然发生了变异，于是才诞生了现在这种没有种子的香蕉。

　　三等分裂开的香蕉，其实反映了香蕉种子原始的样子：就好比

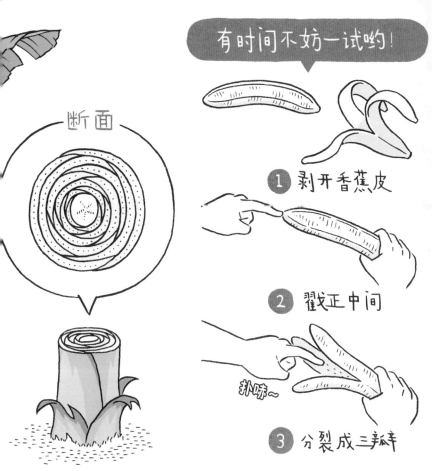

有时间不妨一试哟！

断面

1 剥开香蕉皮

2 戳正中间

扑哧～

3 分裂成三瓣

有三个"房间"比邻而设，每个"房间"里都住着种子。现在虽然没有了种子，但三个房间遗留了下来，所以，它们很容易分成三等份。

那么，香蕉没有种子似乎就不能繁殖后代吧？这一点不必担心，**因为香蕉可以分株繁殖，也就是切掉一部分植株，另行栽植为独立的新植株，这样就可以一直繁殖下去。**

植物数据

名称	香蕉（芭蕉科）
分布	世界各热带地区均有种植（原产地东南亚）
外形大小	高 2~10 米
备注	明治维新（1868 年）后在日本被广泛种植

油性笔误涂在手上时，可用香蕉皮擦掉。

山荷叶
的
花瓣淋雨后会
变得透明

纯净度

山荷叶是一种喜欢生长在阴凉环境的植物，比如在山涧溪流边、树荫下就能看到它们的身影。5~7 月份，它们会开出白色的小花。秘密就藏在这小花里。

它们的花瓣淋雨或沾到露水后就会变成透明的。不过，这并不是无条件的，只有在小雨绵延不断，或者起雾时才会变得透明。只是人类至今还没有弄清楚这是什么原理。

也许是因为山荷叶给人的感觉既高雅又神秘，所以还被称为"冰莲花""玻璃花"，深受登山者的喜爱。此外，因为它们无与伦比的透明感，**还常常会出现在化妆水的广告里。**

植物数据	名称	山荷叶（小檗科）	外形大小	花的直径约 2 厘米
	分布	日本本州、北海道及俄罗斯库页岛	备注	高 30~60 厘米，结青紫色果实

74　　水干后花瓣又会变回白色。

猴面包树以前曾被充当监狱

结实度

请进吧！

猴面包树是在非洲大草原等干燥地带生长的一种树木。

它最大的特点就是树干非常粗壮，直径达 10 米以上。**有的树干至少需要 18 个成年人手拉手才能把它围住，令人惊讶不已。**

树干里贮藏着近 10 吨水分，**即使两年都不下几滴雨，也不会枯死。**但随着树龄的增长，水分逐渐流失，树根部就会出现巨大的空洞。

猴面包树以前曾经是天然的监狱。最早发现这一特点的是旧时的官吏，他们认为：**猴面包树的树洞入口狭窄，而且里面也很结实，用来充当监狱再合适不过了。**于是就把犯人关进了树洞。

名称	猴面包树（木棉科）	外形大小	树高约 20 米
分布	马达加斯加岛、非洲、澳大利亚	备注	猴面包树在圣 - 埃克苏佩里的《小王子》中也出现过

植物数据

结出的果实像葫芦，干燥后可用来做水壶。

相诡异，神奇

75

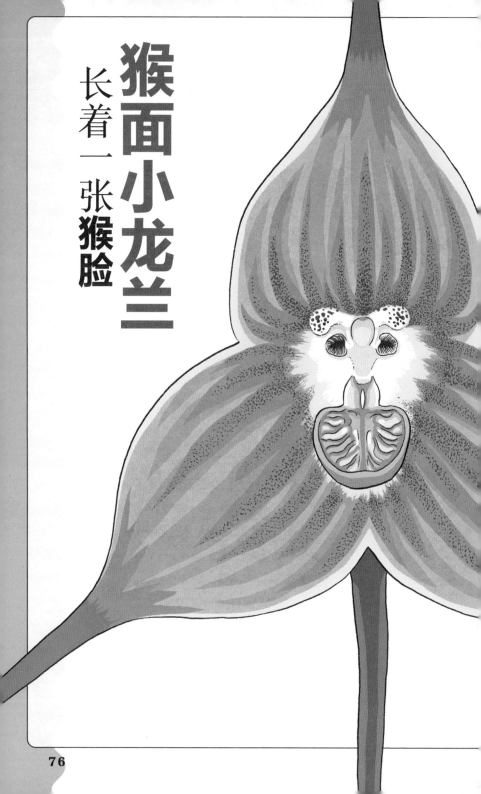

猴面小龙兰

长着一张**猴脸**

怎么看都像我呀……

兴奋度

猴面小龙兰生长在南美洲海拔1700 米左右的高原云雾林中，那里终年凉爽潮湿。

它们是兰花中的一员，在植物学上被列入"小龙兰属"，学名为 *Dracula**，中文译为德古拉。没错，就是吸活人血的那个吸血鬼形象德古拉伯爵。

"德古拉"的名称是发现它的学者命名的。据说刚发现时，那位学者兴奋地惊呼道：**"这种花长得太像吸血蝙蝠的脸了！"**所以有了这个名称。

不过后来，人们发现它**不管怎么看都像猴子的脸**，于是渐渐地就被形象地称为猴面小龙兰（像猴脸一样的兰花）。

*Dracula 源自拉丁文 *Draco*，意为"小龙"。
——编者注

植物数据

名称	猴面小龙兰（兰科）
分布	南美洲高山地带
外形大小	花瓣宽 3~4 厘米
备注	花香与成熟的橘子类似

看似猴子眼睛和鼻子的部分就是花瓣。 **77**

落地生根从
叶子上发芽，顺便
长出根

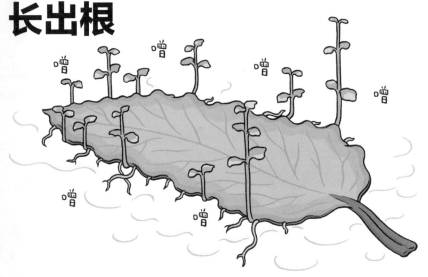

　　植物的繁衍生息通常离不开种子。然而，落地生根**可以直接从叶子上发出芽、生出根，长得和原来的植株完全一样。**

　　最有趣的是，**离茎部越远的叶片越容易发芽生根。**因为离茎部越远，营养供应就越困难，所以叶片中的成分意识到危机后立刻产生变化，促使其尽早发芽生根。

　　也许你会认为：**既然如此，落地生根就不需要种子了吧！**其实不然，它们依旧会照常开花、结种，因为从叶子上发出的芽可以说是克隆的自己。如果不和其他植株交配结种，植物是无法演化的。

植物数据	名称	落地生根（景天科）	外形大小	叶长 5~10 厘米
	分布	热带地区	备注	常绿多年草本植物，可以长至 30~80 厘米高

　　在盛有水的盘子里放入一片叶子就能发芽生根。

金鱼草能变成骷髅

呵呵呵呵呵

不祥度

金鱼草，因为花形酷似龙睛金鱼而得名。

为什么它能变成骷髅呢？问题出在开花之后。当花朵干枯后，为了保护种子而留下来的种荚的**外形看上去酷似骷髅头**。

在古代文明中，人们认为金鱼草具有神奇的力量，将其种植在自家屋前即可防灾避祸。此外，**女性还常把金鱼草花当成礼物送人，以表示感谢。**

不过，这也只是一个传说而已。现在，如果有人收到这样的礼物，只会这样想：**难道是来诅咒我的吗？**

名称	金鱼草（玄参科）	外形大小	花长 3~4 厘米
分布	欧洲南部、非洲北部	备注	花色有白、黄、橙、粉、红等

植物数据

还有吃金鱼草可以返老还童的传说。

行事疯狂，神奇

第3章

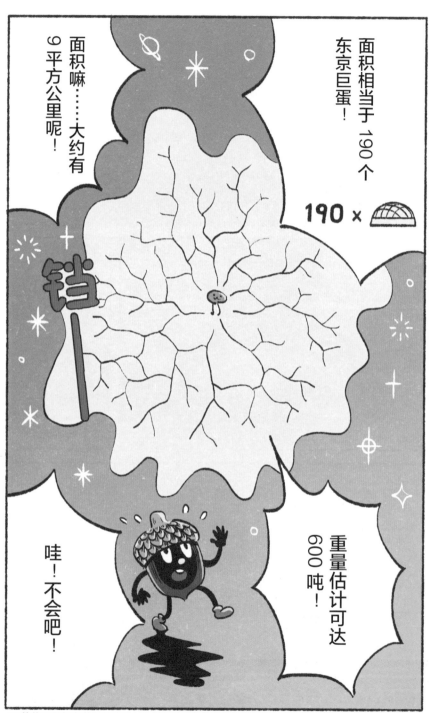

【东京都台东区】

人口约 20 万人
有著名的上野动物园和浅草寺

台东区

东京台东区的面积约为 10 平方公里，也就是说，我的面积接近台东区呢！

这也太大了吧！！

简直是大到超乎想象啊！

奥氏蜜环菌是一种生长在枯木上的蘑菇，高约 12 厘米。但其实它的菌丝主要分布在地下，就像一张蜘蛛网一样蔓延着，在地下形成一个巨大的菌丝网络。可以说它是连蓝鲸也会望尘莫及的巨大生物。

名称	奥氏蜜环菌（泡头菌科，菌类）
分布	寒温带
外形大小	最大可达 880 公顷
备注	菌伞直径 4~14 厘米，猛一看就是非常普通的蘑菇

85

形象突变

啪

苦瓜，吃到嘴里会感觉到一种独特的苦味。人们对这种蔬菜的口感喜好非常鲜明，而其实它在成熟之后是会变甜的。**而且果实的颜色会从绿色变为黄色，种子则会变为红色，就像交通信号灯似的会变颜色。**

未成熟的苦瓜之所以苦，是为了防止被鸟儿吃掉。种子还在生长发育过程中，被鸟儿吃掉可不妙。**不过，苦瓜也会有高兴的时候，伴随着种子的成长，它的态度也会发生一百八十度大转弯。它**会旧貌换新颜让自己的颜色变得更加醒目，目的是吸引鸟儿飞来，让鸟儿吃掉甜甜的种子，并把种子带到远方。

可是有时候，即使果实成熟了，也迟迟等不来鸟儿光顾。这种情况下，苦瓜的办法是让自己来一次原地爆炸，**似乎在向鸟儿宣告：苦瓜已经裂开喽！以此达成全方位自我推销。**

疯狂度

植物数据

名称	苦瓜（葫芦科）
分布	原产于亚洲热带地区，中国、日本均有种植
外形大小	果实长 10~30 厘米
备注	攀缘植物，茎蔓长可达 2~5 米，开黄色小花

因电视剧中的吉祥物"苦瓜男"而在日本广为人知。

巨魔芋

用七年时间开出臭气熏天的花朵

这种花就像"尼特族"似的平时没什么干劲儿，不认真工作。 它就是巨魔芋。其他植物都在孜孜不倦地努力开花结果，可巨魔芋却一年只长一片叶子。**这样的日子竟然要持续七年，而七年之后，它将进入 6 个月左右的休眠期。**

可是突然有一天，它会鼓足干劲儿认真起来，以每天 10 厘米的速度迅速长到 3 米高！更是长出直径达 1.5 米的巨大花序，还会从中开出花来。

它开出的花微微发热，散发着刚脱下来的袜子和腐烂的鱼混合的气味。 不过，它生机勃勃的干劲儿并不会持续太久，仅两天就偃旗息鼓。

植物数据	名称	巨魔芋（天南星科）	外形大小	花最高可达 3 米
	分布	苏门答腊岛（印度尼西亚）	备注	看上去像花瓣的部分，其实是由叶子演变的"佛焰苞"

花朵的臭味是为了吸引昆虫飞来，协助搬运花粉、繁衍后代。

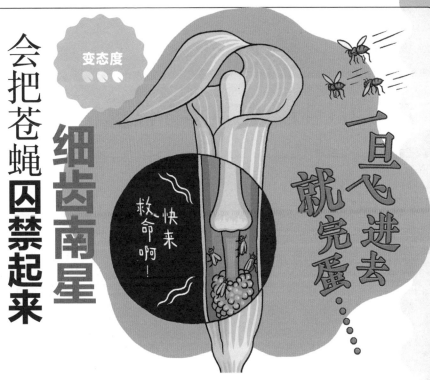

会把苍蝇囚禁起来

变态度

细齿南星

一旦飞进去就完蛋……

快来救命啊！

大多数植物和动物一样都是有性别的，它们也有雌（花）、雄（花）的区别。然而，细齿南星却别具一格，年幼时是雄性，长大后是雌性，枯萎之后又变回雄性，**性别是随着身高而改变的**。

细齿南星通过雌雄转换可以大大提高授粉概率，不过，授粉方式也非同一般，**它要把苍蝇囚禁起来**。

细齿南星的"苞片"是由叶片转变而成的，它的内部是"突起"的结构，昆虫如果不小心飞入就很难再出去。当带有花粉的苍蝇飞进苞片后，**苍蝇为了逃生拼命地挣扎，于是，细齿南星也就顺利地完成了授粉大计**。

名称	细齿南星（天南星科）	外形大小	高 50~100 厘米
分布	日本北海道、九州及东亚地区	备注	秋季，雌花会结出许多红色的果实

植物数据

细齿南星在日本叫作蝮草，和蝮蛇一样有毒，误食可能会致死。

风滚草的
滚动速度堪比汽车

骨碌

牛仔骑马
40千米/小时

敞篷车
80千米/小时

风滚草，这种植物也许你还没听说过，但你父母那代人可能在电影里看到过。**美国西部电影里总会出现牛仔快枪对决的镜头，此时，就会有一团团像牧草一样的东西从牛仔身后骨碌骨碌地滚过来，那一团团的就是风滚草。**

风滚草是生长在北美洲干旱大地上的一种草，所以拥有极强的抗旱能力，即使没有降水，仅靠朝露那点微不足道的水分也能顽强地生存下去。

不过，每到冬季来临，风滚草很快就会枯死。但这并不意味着它们不耐寒，因为它们要为开启一段美好的旅程而做准备。

风滚草的根和茎在冬季干枯后，变得像树枝一样又脆又硬。它们团在

骨碌 骨碌 骨碌

风滚草
100 千米/小时

一起，形成像鸟巢一样的大圆球，被风一吹便四处滚动。不过，它们可不是随随便便地滚动，**一边滚动还要一边传播种子。**它们是在用这种方式不断扩张自己的领地。

风滚草滚动时的速度，每小时可达100千米以上。而且，数千个草团朝着同一个方向滚动，时而还会合体，变成像汽车一样大的庞然大物。这可不是快枪对决就能搞定的。

植物数据

名称	风滚草 （藜科或苋科）
分布	美国西部干旱地带
外形大小	高 5~25 厘米
备注	干枯后随风滚动的植物统称为"风滚草"

风滚草大量聚集时，甚至可以把汽车吞没。

格尼帕树的果实

汁液涂在皮肤上

会变成紫色且难褪色

顽固度

　　美洲格尼帕树是生长在巴西亚马孙河流域的一种树木。长成的树木会结出许多橘子大小的褐色果实。

　　这种果实的汁液非常奇特，它含有一种叫"京尼平（*genipin*）"的物质，如果接触到皮肤**就会与皮肤中的成分相结合，变成紫色**。

　　这种颜色一旦形成，无论采取什么方式都很难褪去。据说生活在亚马孙河流域的人们，自古就有用树枝蘸着这种汁液在身上描绘图案的习俗，和刺青有些类似。

　　不过，还请放心，随着皮肤表层的新陈代谢，大约两三周后，旧的皮肤一脱落就会重现原来的皮肤颜色。

植物数据	名称	美洲格尼帕树（茜草科）	外形大小	果实长度约 10 厘米
	分布	美洲热带地区	备注	树高可达 15 米，开白色或黄色的花

92　　一种名叫"京尼帕帕达（*genipapada*）"的果汁就是用美洲格尼帕树果制成的。

西番莲靠欺骗蝴蝶来保护自己

随机应变度 ●●●

排长队！

这里已经满员了……

西番莲是一种有毒的植物。因此它并不太担心被动物吃掉，但这种毒素对毒蝶的幼虫却不起作用。毒蝶的幼虫不仅能津津有味地吃西番莲的叶子，**而且还能把西番莲的毒素积蓄在体内，以保护自己不被鸟儿吃掉。**

对此，西番莲苦思冥想，最后想出了一个办法，就是在自己的叶片上长出毒蝶虫卵的花纹。**这可不是因为叶子被毒蝶吃掉太多而昏了头。**

毒蝶为了防止幼虫争夺食物，总是避免在同一个位置重复产卵。**而西番莲看穿了毒蝶的这一习性，让自己伪装成叶片"已有虫卵"的模样来欺骗毒蝶。**

名称	西番莲（西番莲科）	外形大小	花的直径 7~8 厘米
分布	世界各地均有种植（原产秘鲁、巴西）	备注	"百香果"就是西番莲的果实

植物数据

对眼神不好、看不清虫卵花纹的昆虫，这招不起作用。

大彗星风兰的花朵深不可测

相互依存度

← 花蜜储存在这里

好难吸啊……

这花蜜真是

许多植物都允许昆虫吸食自己的花蜜，但作为交换条件，昆虫需要帮助植物传送花粉。不过有一种植物，为了能切实可靠地完成授粉，**特意把花蜜放到了距离花朵入口很远的地方，这就是大彗星风兰。**

可是，这也太过分了。花距延伸最长达到 40 厘米的结果就是：**没有昆虫能进到里面吸食花蜜。**

然而，在人类发现大彗星风兰 40 年后，**发现了一种嘴巴长达 30 厘米的蛾类昆虫"马岛长喙天蛾"。**原来，能吸到大彗星风兰花蜜的昆虫是存在的。

不过话说回来，马岛长喙天蛾是不是让自己的嘴巴演化过头了呢！到头来也只能吸食到大彗星风兰的花蜜吧。

从今以后，它们也只好相互依赖，已经没有回头路可走了。

植物数据

名称	大彗星风兰（兰科）
分布	非洲、马达加斯加、斯里兰卡
外形大小	花朵直径约 15 厘米
备注	花瓣向后突起、藏有花蜜的部分被称为"花距"

达尔文看到这种花后就预言了马岛长喙天蛾（拉丁文名 *praedicta*，意为"预测"）的存在。 **95**

网纹甜瓜
表面的纹路其实是**疤痕**

纹路度

形成网纹

噼啪啪

成年期

青年期

滑溜溜

少儿期

成长过程

　　高级水果的代表当数网纹甜瓜。上等的网纹甜瓜还会被装在木盒里，所受厚待不亚于珠宝。然而，**网纹甜瓜的身上其实早已伤痕累累。**

　　这种甜瓜的表面原本是很光滑的，但随着它的成长，表面会出现许多裂纹。这实际上是**甜瓜外侧的果皮停止生长后，里面的果肉还在不断生长造成的**。所以在从内向外的张力作用下，甜瓜的表面就会出现裂纹。

　　另一方面，**为了阻挡这些裂纹，甜瓜努力从内部渗出果汁并使其凝固，这就是甜瓜表面形成网纹的真相。**也就是说，成熟的甜瓜其实浑身都是疤痕啊。

植物数据	名称	甜瓜（葫芦科）	外形大小	果实直径 10~15 厘米
	分布	世界各地均有种植（原产西亚及北非）	备注	另外还有表面没有网纹的王子甜瓜等品种

　　可以利用网纹甜瓜的这一特点，在其表面设计生成数字、图案等。

喷瓜
会强势**喷射种子**

喷瓜的英文 Exploding Cucumber，意为**"爆炸的黄瓜"**，属于葫芦科蔓生植物。

喷瓜的瓜蔓伏地生长，长大后会在蔓梢上结出长约7厘米的果实。果实看上去很像猕猴桃，貌似很好吃，不过，千万不要有想吃的念头！

因为喷瓜的果实内部挤满了种子和汁液，**时时刻刻都在等待炸裂喷发**。

终于，由于自身重力的影响，喷瓜在脱离瓜蔓的瞬间，**种子就像机枪子弹一样从小孔里砰砰地连续喷射出来**。最远的喷射距离竟然能达到10米呢！

名称	喷瓜（葫芦科）	外形大小	果实长度约7厘米
分布	地中海沿岸、中国西部	备注	植株整体表面有毛，全长50~80厘米的蔓生植物

据说在古希腊，喷瓜的汁液曾作为一种药材使用。

北美红杉能长到30层楼高

高大度

不容超越的高度

历经两千年岁月，打造奢华风格

通天阁

北美红杉是世界上最高的树种，高度约 50~100 米。目前已知最高的北美红杉高达 115 米，**比大阪的地标性建筑通天阁（高 103 米）还要高出少许。**

北美红杉曾经生长在世界各地，但现在只有北美洲的部分地区可以见到。一棵北美红杉每天吸收的水分约为 2000 升，对生存条件的要求非常苛刻，所以无法在干旱的环境里生存。

为了确保充足的水分，**北美红杉竟然拥有自己的降雨系统。大量的树枝浸润在雾气里形成无数水滴，**即使在炎炎夏日，地面也能保持湿润状态，不会干涸。

植物数据

名称	北美红杉（杉科）
分布	北美洲西海岸
外形大小	高度 50~100 米
备注	虽然树木巨大，但种子的长度却只有约 5 毫米，呈椭圆形

世界最高的树是一棵被命名为"亥伯龙神（穿越高空者）"的北美红杉。

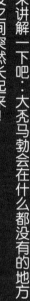

呼呼~

这也太突然了吧！

哎呀

昨晚睡觉前还什么都没有呢，怎么一晚上就长出这么大的东西……

大秃马勃是一种长得像巨大棉花糖的菌类。摸起来很柔软，富有弹性，可以食用。不过，时间一长它就会逐渐变干，最后随风滚来滚去，直到变成粉末飞散开。没想到还有这种『一场空』的蘑菇，真是令人惊讶不已。

明天早上起来，也许会出现在你家门口呢？

名称	大秃马勃（马勃科，菌类）
分布	欧洲及北美洲
外形大小	直径约 45 厘米
备注	据说变成粉尘的同时，飞散出大约 750 万个孢子

塔希娜棕榈树

咣当——

我不想活啦！

再见！

啊?!

说走就走，毫不留恋啊?!

太吓人了！真是……

塔希娜棕榈树一般可以存活30~50年。它在某一天会倾注所有能量开出漂亮的花朵，并散播无数种子。随后不过数月便采取自杀的方式让整棵树轰然倒下……喂，你怎么了？

名称	塔希娜棕榈树（棕榈科）
分布	马达加斯加
外形大小	最高可达 20 米
备注	全球仅有 30 棵左右，为了避免树种灭绝，人类已经采取了保护措施

大王花开花时
会发出像放屁的声音

　　大王花是生长在东南亚热带雨林中的一种植物。长大后会绽放出**直径达 1 米、重量达 10 千克的巨大花朵。**

　　花朵之所以如此巨大，是因为它属于寄生植物。寄生植物没有自己的茎、叶和根，**只能依附在其他植物上抢夺它们的水分和营养，**也因此才能把所有的养分都倾注在花朵上。

　　也许你会认为，依赖别人生存的日子一定轻松愉快吧？**但其实大王花也有自己的苦楚。**因为它只能寄生在葡萄科植物上，所以，如果没有可供寄生的宿主植物，它就无法存活。

　　大王花的授粉也是依靠外力完成的。它散发出臭脚丫的气味，

滑稽度

太臭了!!

花已经凋谢了……

黏糊糊

植物数据

以吸引苍蝇飞来。不过, 还有另外一种说法, 据说, **大王花在绽放的瞬间, 会发出"噗"的像放屁的声音。**

臭脚丫味也好, 放屁声也罢, 放在大王花身上可能比较有趣。如果在实际生活中遇到这种情况, **恐怕只会令人不悦吧。**

名称	大王花(大花草科)
分布	东南亚热带地区
外形大小	花朵直径约1米
备注	刚发现时, 从外观来看, 人们担心它是"食人花"

只有花朵部分露出地表, 花开后一周左右即腐烂。

赤潮藻
可以把海水染红

终结度

难道是世界末日……？

赤潮藻（Red-Tide Algae）正如字面意思，是指能引发赤潮的藻类，**当赤潮发生时大片海水都会被藻类植物染红**。它们可以从工业废水中获取营养，由于营养元素过于丰富，所以导致海洋生态系统出现异常现象。

藻类植物既包括极其微小的浮游植物，也包括紫菜等海藻。可能有人会认为："啊，能采摘这么多海藻，太开心了！"但事实并非如此，**因为赤潮藻类具有可致神经麻痹的极强毒性**。

这种毒素可致鱼类和鸟类死亡，人类食用含有毒素的贝类等海产品也会导致窒息死亡。

植物数据	名称	短凯伦藻（凯伦藻科）等藻类	外形大小	长 18~30 微米（1 微米 =0.001 毫米）
	分布	热带、温带海岸	备注	借助 2 根"鞭毛"缓慢地来回游动

106 在《圣经》中，赤潮被描述为"河里的水都变作血了"。

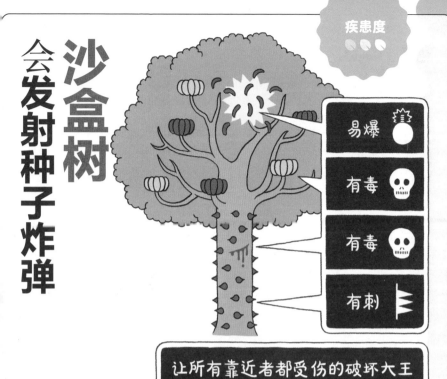

沙盒树

会发射种子炸弹

疾患度

让所有靠近者都受伤的破坏大王

易爆

有毒

有毒

有刺

沙盒树会对所有靠近者发起攻击，简直就是破坏大王。它的树干上布满密密麻麻的尖刺，令人望而生畏。

而且，沙盒树的**果实成熟时会自动"爆炸"，爆炸发生时，种子会四处飞散，威力无比。**据说种子飞散的时速最高可达 240 千米。如果有人被射中，受伤是难免的。沙盒树拥有这些防身术可以说已经足够了，但没想到的是，它的种子和汁液竟然也都有毒，堪称武装到了牙齿，没有谁敢对它出手了。

沙盒树能演化到这样充满敌意的程度，**想必曾经有过很严重的心理创伤吧。**

名称	沙盒树（大戟科）	外形大小	树高 30~60 米
分布	南北美洲热带	备注	果实直径 3~8 厘米，形状像南瓜，种子的直径约 2 厘米

植物数据

如果误食种子，会出现上吐下泻的症状。

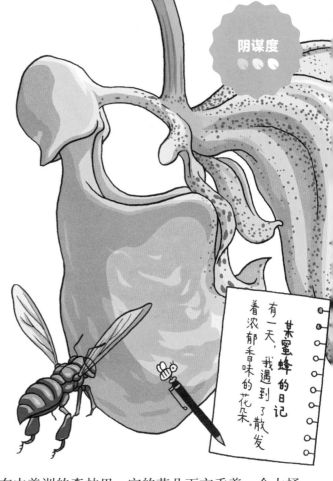

吊桶兰让蜜蜂玩障碍赛跑

阴谋度

某蜜蜂的日记

有一天，我遇到了散发着浓郁香味的花朵。

吊桶兰生长在中美洲的森林里，它的花朵下方垂着一个大桶，属于一种比较奇特的兰花。

这个桶里装着醇香甘甜的汁液，蜜蜂们闻到汁液散发出的浓郁香味就会蜂拥而至。不过，**飞来的只有雄蜂**。原来，吊桶周围有一种专门用来诱惑雌蜂的"奶油"。那些为了能俘获雌蜂芳心的雄蜂，就是为了得到它才迫不及待地赶来的。

在这种强烈欲望的驱使下，飞来的雄蜂们纷纷停在了"桶"边。于是，一场竞技大赛即将开始！

首先，蜂群中有一只雄蜂脚底打滑不小心掉进桶里，它的翅膀被桶里的汁液沾湿无法再飞起来。雄蜂正想哀叹"难道我就这样……"

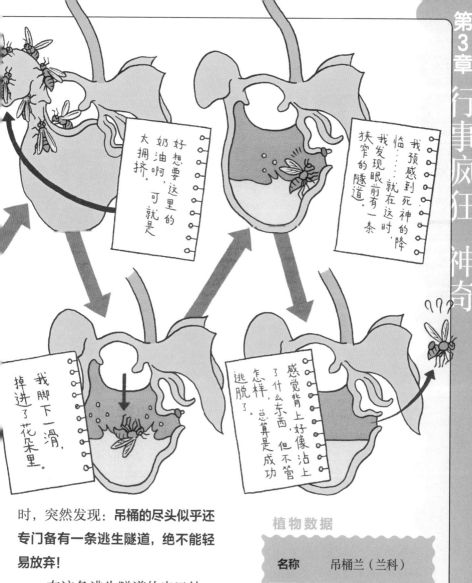

时，突然发现：**吊桶的尽头似乎还专门备有一条逃生隧道，绝不能轻易放弃！**

在这条逃生隧道的出口处，迎接它的将是花粉团。蜜蜂冲破艰难险阻，**好不容易逃脱成功，但它的背上已经沾满了花粉，它将带着这些花粉飞向下一朵兰花。**聪明的吊桶兰实在是神机妙算。

植物数据

名称	吊桶兰（兰科）
分布	美洲热带地区
外形大小	花的直径约 10~20 厘米
备注	掉进桶里的蜜蜂出逃需要花费 10 分钟

吊桶兰是依附于其他树干生长的"附生植物"，下垂式生长。

回旋度

芹叶牻牛儿苗的种子会像钻头一样钻入地下

吱扭扭

播种不依赖他人，完全自力更生

芹叶牻牛儿苗 芹

芹叶牻（máng）牛儿苗是生长在地中海周边荒地的一种草。在荒地里生长，面临的最大困难就是土壤坚硬难以播种。

那么，它们是如何解决这个问题的呢？它们的办法是：**利用果实顶端呈钻头状的种子，自行钻入土壤中。**

不过，果实的钻头功能只有在下雨时才能发挥出来。

当芹叶牻牛儿苗的果实被雨水打湿后，便开始骨碌骨碌地旋转起来。这是因为水分能使果实里的纤维时而伸展、时而收缩，芹叶牻牛儿苗巧妙地利用了这一伸缩力。

而且，**果实钻进土壤的样子就像红酒开瓶器似的，可以钻到地下很深的地方。**

植物数据	名称	芹叶牻牛儿苗（牻牛儿苗科）	外形大小	高 5~40 厘米
	分布	世界各地（原产于亚欧大陆西部、非洲北部）	备注	春季开浅紫色花，花朵直径 1 厘米左右

茎和叶整体多毛。

巨柱仙人掌的体内贮存着 10 吨水

充足度

几乎一样高

5 层住宅楼　　仙人掌

众所周知的明星观叶植物——仙人掌，因养护方便而备受欢迎。但野生仙人掌就不一样了，外形巨大。

例如世界上最高的仙人掌，整体高达 20 米（相当于 5 层楼高）。而且，它体内的贮水量竟然有 10 吨之多，**大约是 10 辆小汽车的重量。**

不仅如此，仙人掌的寿命也相当长。**据说日本古老的仙人掌还有从四五百年前存活到现在的。**

提起仙人掌，首先想到的是它满身的刺，这些刺是由叶片缩小后演化而成的。肥厚的肉质部分是仙人掌的茎，它要代替叶片来完成制造养分的任务。

名称	巨柱仙人掌（仙人掌科）	外形大小	最高可达 20 米
分布	北美洲西南部及中美洲	备注	5~6 月，仙人掌的枝头会开出黄白色的花朵

植物数据

有一种"沙漠红腹啄木鸟"会在仙人掌上挖洞筑巢。

翅葫芦树的种子能在空中翩翩起舞，滑翔 50 米

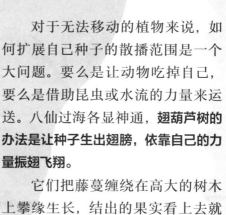

对于无法移动的植物来说，如何扩展自己种子的散播范围是一个大问题。要么是让动物吃掉自己，要么是借助昆虫或水流的力量来运送。八仙过海各显神通，**翅葫芦树的办法是让种子生出翅膀，依靠自己的力量振翅飞翔。**

它们把藤蔓缠绕在高大的树木上攀缘生长，结出的果实看上去就像安全头盔。果实里面长着大约 400 颗种子，而每颗种子上都带有长约 15 厘米的羽翼。

终于，等到果实裂开了，那一刻，种子们一起飞向天空，踏上各自的旅程。**那飞翔的样子像极了滑翔机。其实滑翔机的设计灵感就是来自翅葫芦树的种子。**

正因为热带雨林中生长着许多高大的树木，翅葫芦树才能用这种"分离术"来完成种子的传播。

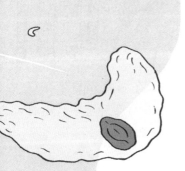

自由自在度

植物数据

名称	翅葫芦树（葫芦科）
分布	亚洲热带雨林
外形大小	种子羽翼幅宽 13~15 厘米
备注	果实为椭圆形，直径约 20 厘米

也有可能出现起飞不顺利、当场坠落的情况。**113**

啊!!

啪!

触摸野凤仙花时会突然爆炸

野凤仙花是一种野生草本植物，生长在海拔 1000 米左右的地区，多生长在山沟溪流旁。每年 7~10 月会开出紫红色的娇小花朵，看上去很美，给人以心旷神怡的感觉。

不过，有个问题是……它会爆炸。野凤仙花的果实形似毛豆，只是外层的豆荚皮很薄。所以，只要用手指轻轻一碰，**豆荚就会爆开，飞溅出像老鼠屎粒一样的种子。**

学术界把具有这一特点的野凤仙花命名为 *Impatiens*，**有"无法忍受""很不耐烦"的意思。**这个名称把豆荚爆炸时的情形描述得惟妙惟肖。

植物数据	名称	野凤仙花（凤仙花科）	外形大小	果实长约 2 厘米
	分布	日本各地、中国东北部	备注	茎高 40~80 厘米。果实炸开时会弹出 3~4 颗种子

野凤仙花的亲戚水金凤，学名 *Impatiens noli-tangere*，意为 "*Touch me not*（别摸我

塔黄能用叶子搭建温室

好暖和~

暖和度

塔黄是生长在喜马拉雅山脉的一种植物。

这里的海拔远远高于富士山，终年寒冷，所以生物数量极少，而且植物也长不了太高大。

在如此严酷的自然环境下，塔黄却能生长得高高大大，原因就在于它可以用"温室大棚"来精心守护自己的花朵。

它们把卷心菜似的叶片一层层地重叠成宝塔的形状，以便提升叶片里面的温度，有效保护其珍贵的花朵。会搭建温室的植物实在是厉害啊！但感慨的同时，不禁让人产生疑问：塔黄起初为什么没有考虑在温暖的地方生长呢？

名称	塔黄〔蓼（liǎo）科〕	外形大小	最高可达 1.5 米
分布	喜马拉雅山脉	备注	外观看上去就像穿着毛衣，因此也被称为"毛衣植物"

植物数据

叶子帐篷里的温度比外面高大约10摄氏度。

非洲白鹭花通常寄生在其他植物的根部，通过充分吸收它们的水分和营养来生长。而且，**它那没有叶子的奇妙花蕾会悄悄地从地面钻出来。**

花蕾的形状很像蛇头，**张开的三片花瓣宛如外星人的嘴巴。**也许你会认为：难道又是外星人逸事……**其实，外星人并不是主要问题，因为非洲白鹭花的花朵实在是奇臭无比，**简直让人无法忍受！

不过屎壳郎会被这种臭味吸引而来。当屎壳郎还在花朵里专心寻找幻觉中的粪球时，它们浑身上下早已沾满了花粉。也就是说，**屎壳郎们来到这里原本是想滚粪球玩儿，可结果却被非洲白鹭花玩弄于股掌之间。**

植物数据

名称	非洲白鹭花（菌花科）
分布	南非、马达加斯加
外形大小	高 8~10 厘米
备注	授粉后在地下结果

非洲白鹭花的果实可做甜品，还可用于止泻药。

乌蔹莓
会自己选择缠绕对象

这是篱笆

这是同类

蔓生植物的身体比较纤细，难以支撑自身重量。所以，它们需要把茎蔓缠绕在其他植物或篱笆上，借助外力向上攀缘生长。

乌蔹 (liǎn) 莓具有谨小慎微的特性，**对方是否适合自己缠绕、攀爬，它会先伸出茎蔓去试探一番**。它的叶子里富含大量叫作"草酸钙"的物质，通过感知这种物质含量的多少，就可以区分自己与对方的不同。所以，**乌蔹莓绝对不会犯"缠住自己"的愚蠢错误**。

而且，**它还能运用逆向旋转解开自己的高难度动作，自由地选择想要攀爬的地方**。

植物数据	名称	乌蔹莓（葡萄科）	外形大小	蔓长约 2~3 米
	分布	日本、东南亚	备注	开出美丽的小花时，会引来吸食蜜汁的蚂蚁

乌蔹莓的日文"薮枯"，意为"完全遮住其他植物、使对方枯萎"。

毒性满满度

夹竹桃，无论食用、焚烧、栽种都会中毒

焚烧　栽种　食用

压倒性的毒素……!!

夹竹桃是我们身边常见的一种植物，公园绿地和道路边都有种植。**但其实它的花朵、枝叶、根茎，浑身上下所有的部位都含有剧毒，所以绝对不能让它误入口中。**儿童只要误食 2~3 片夹竹桃的叶子就会中毒致死。

更可怕的是，**有毒的成分还会残留在栽种过夹竹桃的土壤里。**这是因为夹竹桃的毒素水溶性较强。此外，焚烧后的夹竹桃，毒性具有增强的特性，仅仅是吸入散发出来的烟雾也会中毒。

唯一可以说得过去的大概就是它那盛开的美丽花朵。

名称	夹竹桃（夹竹桃科）	外形大小	高 2~4 米
分布	热带、温带	备注	花朵的颜色有白色、粉色、黄色等

植物数据

在污浊的空气中也能长得很好，二战结束后曾在日本大范围栽种。

行事疯狂的生存方式确实挺酷的……

但这对周围的植物来说不太友好吧！

不知怎么，我越来越糊涂了！到底什么才是『神奇的魅力』呢？

而且我发现普通的『神奇』已经无法满足自己了！

日渐走火入魔的骨碌太郎，它的命运将走向何方——

未完待续！

第 4 章

不解其意，神奇

不解其意，神奇的植物篇

骨碌 骨碌 骨碌

这些神奇的植物为什么会这样呢？真是莫名其妙，好想见见啊！

拜师记1
桐油树

您好！请让我看看您的绝技吧！

好嘞！

请试试看，吹一下我这根折断的树枝。

嗒嗒

当我们折断桐油树的树枝，就会从里面渗出黏稠的白色汁液。汁液中含有与肥皂相同的成分，如果把树枝当作吸管一样轻轻地吹一下，就会从里面飞出许多肥皂泡，非常好玩。

名称	桐油树（大戟科）
分布	热带、亚热带
外形大小	高约 5 米
备注	汁液能帮助树木防虫除菌，但如果人接触到的话可能会引发皮疹

123

It's A Miracle!

这就是我的神秘之处呢！

欸？这回怎么是甜的！

可是，具备这种能力到底有什么用呢？

神秘果中含有一种叫『蜜拉克宁』的物质。在这种物质的作用下，舌头会把酸味误判为甜味。但这种物质对咸、苦等味觉都没有影响。这种能力的用途嘛……主要是让朋友们刮目相看。

名称	神秘果（山榄科）
分布	非洲西部沿海地区
外形大小	果实长约 2 厘米
备注	能感觉到甜味的这种效果可以维持一小时左右，寿司饭和海藻凉粉里的醋味也会变甜

125

怎么有股烧焦的味道……哎呀！是山火！

嘛里啪啦

呼呼呼

没关系，这样烧烧更健康！

喂！您待在那儿会被烧着的呀?!

其实，我巴不得被烧一烧！

嘶～

嘭～

啪嗒 啪嗒

嘭～

啊？这算怎么回事？

我来讲解一下吧……班克木可以利用山火散播自己的种子，实现它的增殖大业！

……没听我的话吧，现在真的被烧成一片荒地了。

噼啪 噼啪

哎呀！班克木的下一代发芽了！

扑哧 扑哧 扑哧

虽然是植物，可它竟然会利用火，真是变态的家伙！

料，可供班克木更加茁壮地成长。

班克木的果实遇到山火受热后，因内部空气膨胀而导致果实爆裂，于是种子被散落到地面。其他植物在山火中全部燃烧殆尽，班克木的种子因此能自由自在地享受太阳光和养分的滋养。而且，动物遗骸也是不错的养

名称	班克木（山龙眼科）
分布	澳大利亚
外形大小	最高可达 25 米
备注	即使露出地面的部分被烧毁，残留在地下的根部也能重新发芽

积水凤梨会饲养小青蛙

舒适的私人空间

很舒服~~

完善的饮水设施

咕嘟
咕嘟

顾客满意度

积水凤梨家族的植物堪称是生物们的宾馆。

伴随着积水凤梨的成长，它们会密密实实地长出许多长长的叶子。每到下雨天，叶子的根部就会积满雨水，形成一个个的小水洼。

而这些小水洼则会吸引来许多动物。不仅有鸟儿前来喝水，还有蚊子和蜻蜓也来这里产卵。

最令人惊讶的是，青蛙竟然会在积水凤梨的小水洼里生儿育女。 青蛙先在落叶上产卵，等孵化出小蝌蚪后，就把小蝌蚪背在背上，送它们去积水凤梨的小水洼里生活。

每片叶子的小水洼里仅有一只小蝌蚪入住。它们以蚊子的幼虫

积水凤梨宾馆

盛大开业

为您提供
奢华惬意的
私人空间

产卵OK

为食，可以在那里安全长大。

虽然积水凤梨不能成为传说中的"青鳉鱼的学校"，但可以成为青蛙的胶囊旅馆。不过，这种安全的住宿环境并不是免费提供的。鸟儿和青蛙需要把排泄物留在小水洼里，**以便积水凤梨从中获取生长所需的营养。**

植物数据

名称	积水凤梨（凤梨科）
分布	中美洲
外形大小	高 30~100 厘米
备注	根部缠绕在其他树的枝干上生长

螃蟹、蜥蜴、小蛇等也可以入住小水洼。

加岛仙人掌
无论长多高都能
被鬣蜥轻松吃到

很久很久以前，生活在加岛上的陆鬣（liè）蜥一直以低矮的加岛仙人掌为美食。加岛仙人掌深受困扰，不想总是被它吃，于是灵机一动想出了对策：**对呀，我可以像大树那样长高啊！**

于是，在接下来的漫长岁月，加岛仙人掌让自己长出了坚硬的树干，而且挺直腰身不断地向高处伸展，**最后终于长成了陆鬣蜥爬不上去的巨大身形。**

但是有一天，陆鬣蜥邂逅了海鬣蜥。**后来它们的孩子也生活在陆地上，不过继承了海鬣蜥的利爪。**就这样，鬣蜥便很轻松地爬上了高大的加岛仙人掌，大口大口地吃起了美味的仙人掌。

（剧终）

植物数据	名称	加岛仙人掌 （仙人掌科）	外形大小	最高可达 12 米
	分布	加拉帕戈斯群岛	备注	仙人掌也有在地面向周围扩散生长的类型

130 达尔文把海鬣蜥称为"黑暗中的恶魔"。

满天星闻起来有臭臭的味道

这是我特意为你摘的！

啊……好臭!!!

臭～烘烘烘

违和度

满天星是一种很受人们欢迎的植物，经常出现在花束中。

世界各地的满天星品种有 60 多种。野生的满天星在每年 5~6 月会开出许多白色或粉色的小花，花朵的外观看上去非常可爱，**和它的花语"纯洁的心"十分相称。可是，它们的味道闻起来却臭臭的，有点像粪便的味道。**

究其根源，满天星的臭味来自花朵中所含的一种叫"醋酸甲酯"的物质。这种物质释放出类似厕所或汗臭味是为了帮助满天星吸引昆虫。

满天星花束是婚礼和毕业典礼上最好的礼物。**花店里出售的满天星一般都是味道比较淡的品种，所以还请放心啦。**

名称	满天星（石竹科）	外形大小	高 50~60 厘米
分布	亚洲、欧洲、非洲北部	备注	常见的满天星大多是白色的花朵，也有深粉色的

植物数据

市面上还出售可以抑制满天星臭味的除臭剂。

地下兰的花朵呈深酒红色。不过谁都不会注意到它的美丽，**因为它的花朵是在地下 30 厘米深的土壤中开放的。**

终其一生，地下兰都生活在地下。因为它们要从地下的菌类中获取充足的养料，所以完全不需要露出地面。此外，在地下生活还不必担心受到天敌的攻击，水分也足够，这里简直就是它们的安乐窝。

不过，唯一存留的疑问就是：**地下兰是如何繁殖的？** 目前已经知道，地下兰的花粉传播是借助一种名叫菌菇蝇的小苍蝇完成的。**这种苍蝇非常小，身长只有 2 毫米。至于它是如何钻入土壤中的，仍然是未解之谜。**

植物数据

名称	地下兰（兰科）
分布	澳大利亚
外形大小	花朵约有 2.5~3 厘米大
备注	一朵花是由 10~150 朵小花聚集而成

1928年被澳大利亚农民偶然发现。

第4章 不解其意，神奇

133

木瓜能拯救人类

　　每个人都希望永远保持健康。 人类的这一梦想，或许在木瓜的帮助下可以实现。

　　木瓜籽里含有一种叫"异硫氰酸酯"的成分，与山葵中所含的成分是一样的。 吃到嘴里会让人有呛鼻子的感觉，就是这种成分在作怪，木瓜是用它来驱除想要啃咬果实的昆虫。不过，根据最新的研究发现，**这种成分具有促进致癌物分解的功效。**

　　除此之外，异硫氰酸酯不仅对腰痛、肩颈酸痛、眼睛疲劳能起到缓解作用，还具有保护血管、预防心脏病发作等功效。木瓜籽中的白色汁液对烫伤、青春痘和皮肤过敏也有疗效。**木瓜的健康能量真可谓无穷大。**

植物数据	名称	木瓜（番木瓜科）	外形大小	果实长约 20 厘米
	分布	热带（原产于美洲热带地区）	备注	青色果实也营养丰富，可做成沙拉或炒着吃

　比橙子、苹果的热量还要低。

跳舞草一听到音乐就翩翩起舞

我们大家呀……如果不跳舞呀，那就受不了呀！

　　大约在 30 年前，有一种名叫"摇滚音乐花"的花朵形玩具曾经风靡一时，只要有音乐响起，这朵花就会应声舞动。自然界中有一种和这种玩具非常相似的植物，就是跳舞草。

　　跳舞草的叶柄基部有一个类似关节的部位，只要周围一有声响，这个部位就能感应到，进而扭动着身姿跳起舞来。尤其对高音非常敏感，女性的歌声或者手机的来电铃声，都可以使跳舞草兴高采烈地翩翩起舞。

　　跳舞草之所以会跳舞，有可能是它们为了调节叶片内部的水分含量，才使叶片基部出现时而舒展、时而收缩的舞动现象。但真正的动机是什么，目前尚不明确。

名称	跳舞草（豆科）	外形大小	高约 80 厘米
分布	亚洲热带地区	备注	夏季开紫色小花，外观并不引人注目

植物数据

据说气温升至 35 摄氏度以上，即使没有声音也会跳起舞来。

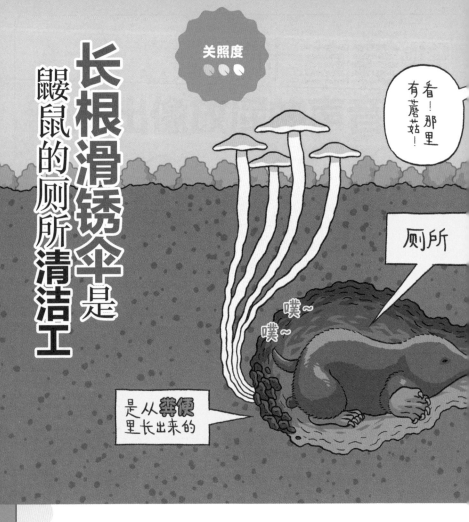

长根滑锈伞是鼹鼠的厕所清洁工

关照度

看！那里有蘑菇！

厕所

噗~
噗~

是从粪便里长出来的

　　长根滑锈伞是每到秋季在大山或树林里生长的一种白色蘑菇。它的特点是菌柄较长，长大后的单个菌柄的长度有 8~17 厘米。

　　为什么菌柄能长这么长呢？**因为它们是以清扫鼹鼠的厕所为生的。**鼹鼠生活在地下，可以建造长达 100 米的巢穴。

　　鼹鼠可不仅仅是简单地挖洞，它会把自己的巢穴按照不同的用途分类，比如有卧室、食物储藏室、饮水区、厕所等多个房间。

　　而且，每个房间的位置也都有讲究。鼹鼠喜欢干净，会把厕所建造在远离卧室的地方。**长根滑锈伞就是从鼹鼠的厕所里生长出来的，鼹鼠的粪便是它们成长所需的养料。**

因为鼹鼠的厕所在地下，所以，**那里的粪便不会被风干，绝对能保持新鲜**。长根滑锈伞就是看中了这一点，才向着鼹鼠厕所清洁工的方向努力演化，最终梦想成真。

顺便要说一下，**长根滑锈伞是可以食用的**。

植物数据

名称	长根滑锈伞（丝膜菌科，菌类）
分布	日本、欧洲、北美洲
外形大小	菌盖直径 8~15 厘米
备注	寻找这种蘑菇也有利于开展鼹鼠的研究工作

鼹鼠世世代代定居在同一巢穴，所以粪便取之不尽。

为何撞脸裸海蝶

阿部水玉杯不知

① 是一种腐生植物，日本称为"狸猫的烛台"，学名为 *Glanziocharis abei*，abei 取自发现者阿部近一（*Abei Kinnichi*）的姓氏。——编者注

撞脸度

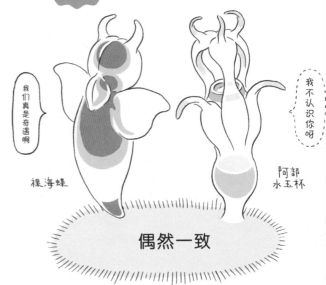

我们真是奇遇啊

我不认识你呀

裸海蝶

阿部水玉杯

偶然一致

在残酷的自然界中想要生存下去，有一种智慧叫**"拟态"**。为了避免被昆虫或其他动物袭击，有些植物会让自己长成像小石子或昆虫的模样。

日本有一种名叫阿部水玉杯①**的森林植物，它开出的花朵，长得酷似一种名叫裸海蝶的深海生物。**

裸海蝶生活在水深大约 200 米的冰冷海水中。**很显然，阿部水玉杯即使长得像它，也并没有什么好处。** 也许有人会认为：这不就是无用功嘛！没办法，木已成舟。

虽然还不知道它的"拟态"行为有何收获，但它已被日本环境省指定为濒危物种 IB 类※。不过，花朵确实可爱。

※ 指野生种群在不久的将来面临灭绝的概率很高的生物。

植物数据

名称	阿部水玉杯 （水玉簪科）	外形大小	高 3~4 厘米
分布	日本德岛县、宫崎县、静冈县等地	备注	外形很小，常被落叶掩盖，不易发现

阿部水玉杯允许菌类生活在自己体内，依靠吸收菌类的养分和水分而生存。

百岁兰
可以存活 2000 年，却只长两片叶子

年轻时的我

2000 岁时的我

异想天开，意思是指"想法很不切实际，非常奇怪"。百岁兰是生长在非洲纳米布沙漠的一种植物，堪称异想天开的典范。

百岁兰可以存活 2000 多年，但一生只长两片叶子。这两片叶子的长度可达 2 米多，**在生长过程中，它们会碎裂成许多条状物，看上去就像海带一样。**在降水几乎为零的沙漠里，让叶片不停地伸展长大，意味着它要从偶尔出现的雾气中获取水分，以便帮助自己生存下去。

此外，为了吸收地下水，百岁兰的根长达 3 米，**让人感觉根部才是它的主体。**

名称	百岁兰 （百岁兰科）	外形大小	叶片长 2~3 米
分布	纳米布沙漠 （纳米比亚）	备注	是全球罕见的草本植物，受到特殊保护

植物数据

种子里含有两片透明的翼翅，可以随风飘向远方。

说起竹子，大家通常会联想到一片片青翠的竹林吧。其实，竹子也是会开花的。**有一种名叫桂竹的竹子120年才开一次花，而且桂竹开花后，很快就会枯萎。**

植物开花后枯萎，这本身并不是什么稀罕事。有的植物一生可以数次繁衍后代，然后才枯萎；有的植物则只播种一次就枯萎，比如向日葵和牵牛花。

竹子也会枯萎，只是周期很漫长。**而且，竹子枯萎的时候，不是一棵而是数千棵竹子一起枯萎，也就是一整片竹林全部消失。**

为什么会出现竹子成片枯萎的现象呢？这是因为**地面上成片竹林的根部在地下是紧密相连的。**就好像埋在道路下面的自来水管道似的，

整片竹林突然消失

爸爸，这就是那片开花的竹林吗？

飕 飕 飕……

嗯，是啊！难道是我的幻觉……？

通过引向每家每户的管道输送自来水。竹子也是如此，可以通过地下的网状根茎，向上生长出许多根竹笋。

桂竹曾在 1960 年代开过一次花，**所以下一次的开花时间预计是在 2080 年前后。**如果能见证这一景象将是多么幸运。

植物数据

名称	桂竹（禾本科）
分布	日本本州及九州，中国南部
外形大小	高约 20 米
备注	竹笋生长速度极快，有记录显示 24 小时可以长 121 厘米高

桂竹的准确寿命尚不明确，但较有说服力的是 120 年。

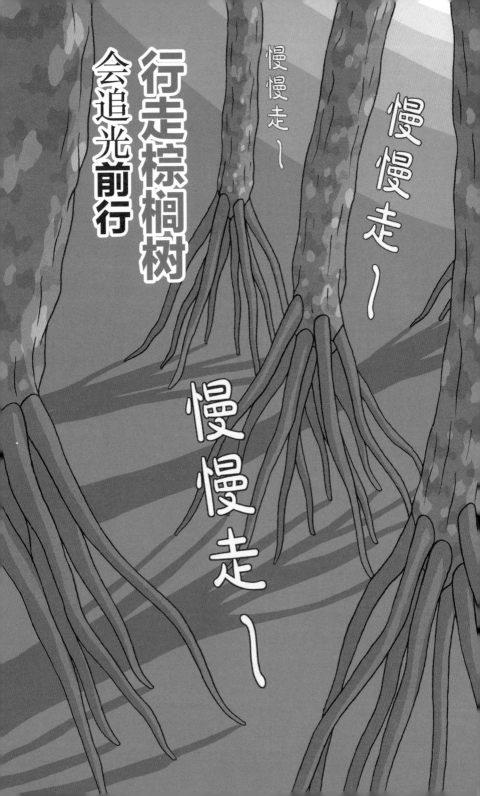

?!

慢慢走～

感觉好像有情况……?!

慢慢走～

彷徨度

"植物因为不必走动，所以才神奇"——本书的这一理念可能会被一种危险的植物彻底颠覆。它就是行走棕榈树。

支撑着行走棕榈树的是它那无数的根，这种根被称为"支柱根"。**乍一看，这些根就像是一把巨大的扫帚，而这正是它会行走的秘密。**

行走棕榈树在生长过程中，树干会向着有阳光的方向倾斜。**于是，重心倾斜的一侧因此生长出新的支柱根。**而相反一侧的支柱根因为不需要承重便失去了作用，并逐渐消失。

它们就这样朝着有光的方向慢慢移动。**不过，据说每年能移动的距离大约是 10 厘米。**

植物数据

名称	行走棕榈树（棕榈科）
分布	中美洲及南美洲
外形大小	高 15~20 米
备注	在当地，树的果实可食用，茎可用于建造屋顶

学名Socratea，来自边走路边思考的哲学家"苏格拉底"。

摸了**咬人猫**
会令人**烦躁不安**

刺刺的

刺刺的

哎呀……

咬人猫的叶子看上去非常普通，但它却拥有生物界最高级别的防御系统。

那就是它的刺。咬人猫的叶子和茎上分布着无数尖锐的刺毛，如果动物的皮肤被刺扎到，**毒液会像打针一样注入体内。**

咬人猫的防御系统与大黄蜂的毒针、蝮蛇的毒牙相同。一旦触及便会疼痛难耐，所以，任何食草动物都不敢靠近它。

最恐怖的是，咬人猫居然是世界上随处可见的植物。所以，当你生气时用力拽下来的那片树叶如果恰好是咬人猫，那接下来可能会更让人烦躁不安了。

植物数据	名称	咬人猫（荨麻科）	外形大小	日本的咬人猫高 0.5~1 米
	分布	世界各地	备注	新西兰的咬人猫高约 4 米，毒性也很强

144 咬人猫的花语是"残酷""诽谤""恶意""撕碎我的心"等。

鸡矢藤

释放臭气保护自己，可惜效果不理想

好吃

好吃

好吃

好吃

噗

我可受不了……

鸡矢藤这种植物真是名副其实，散发着放屁和粪便的气味。

当鸡矢藤的叶子或果实受到伤害时，就会释放出一种叫"硫醇"的气体，与粪便的臭味非常相似。这种臭气可以削弱动物或昆虫的食欲，鸡矢藤就是通过释放臭气来保护自己的。

不过，有一种蚜虫完全不介意这种气味，**甚至还会吸食鸡矢藤的汁液，成心让自己也变得臭气熏天。这样，蚜虫就不会轻易被鸟类捕食了。**

这种蚜虫的天敌是瓢虫，但瓢虫被臭气熏得不愿意靠近。**结果，鸡矢藤的努力化为泡影，还是被蚜虫肆意啃食。**

名称	鸡矢藤（茜草科）	外形大小	叶片长 4~10 厘米
分布	日本、中国南部、印度、东南亚	备注	人类把这种气体加入煤气中，用来发现煤气泄漏

植物数据

有一种蚜虫会用鲜艳的身体颜色来宣告"我很难吃"。

辣椒，
虫子越多就**越辣**

算了，不吃了…

啊，太辣了！

挑剔度

好辣~啊！

辣椒之所以辣，是因为它含有一种叫"辣椒素"的成分。

辣椒素具有抑制细菌或病毒繁殖的功效。因此，当辣椒被虫子啃咬时，就会分泌出大量辣椒素来保护自己的伤口。**所以，辣椒生长在虫子多的地区，自然会变得很辣。**

不过令人感到奇怪的是，大多数植物的果实都会变甜，可是辣椒为什么偏偏要变辣呢？对于这个问题，辣椒给出的解释是：**我们是为了挑选吃自己的食客。**

很多动物都不喜欢辣味，所以不会来吃辣椒；**但鸟类却因为感知不到辣味，吃辣椒完全没问题。**另外，鸟类没有牙齿，不仅伤害不到辣

看上去很好吃！

辣？是什么意思？

真好～吃♥

椒的种子，还能通过鸟粪把种子传播到更远的地方。对辣椒来说，鸟类实在是最理想的食客。

也可以理解为：**辣椒只选择鸟类来吃自己，这是它们自己努力演化的结果。**

植物数据

名称	辣椒（茄科）
分布	世界各地均有种植（原产于美洲热带地区）
外形大小	果实长度 2~30 厘米
备注	也有动物喜欢辣椒的辣味。那就是人类

鸟类中，不知为什么只有乌鸦可以感知到辣味。

山葵,
直接食用并**不辣**

啊啊,辣死了

嘎吱

一点也不辣

　　说到山葵,也许很多人只见过装在软管里的山葵酱。其实,山葵是生长在清澈的山涧溪流边的一种植物。早在一千多年前的日本,山葵就被当作食物和药物使用了。

　　有趣的是,只要稍许吃到一点山葵酱,就会有冲鼻而上的刺激感;**而新鲜的山葵,即使大口大口地咀嚼也完全不会觉得辣。**

　　山葵酱的辛辣来自于一种叫"烯丙基芥子油"的成分。只有在山葵的细胞结构被破坏后,该成分才会分解出来。换句话说,**磨碎后的山葵才会变得辛辣。**

　　而磨碎的山葵,在放置一段时间后辣味就会消失,**散发出大蒜的味道。**

植物数据	名称	山葵（十字花科)	外形大小	地下茎（用于磨碎的部分)长度可达 20~30 厘米
	分布	北海道及九州	备注	日本特产,春季开白色小花

　　"烯丙基芥子油"容易挥发,在体温作用下雾化后会刺激鼻腔黏膜。

生石花，
怎么看都像石头

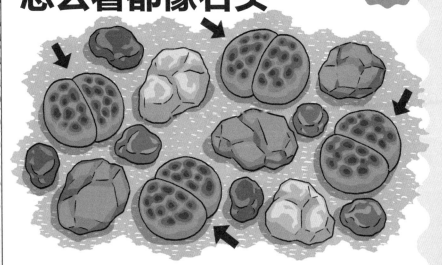

生活在沙漠中的动物，为了积蓄更多的水分会变得十分顽强。即便是浑身长满刺的仙人掌，也会成为动物口中的美味。**生石花生长在这样严酷的环境中，为了骗过动物使自己不被吃掉，便模仿起了石头的模样。**

无论怎么看都像块圆溜溜的石头的部分是生石花的叶子。它的表面类似软木，粗糙且坚硬，可以防止内部水分的流失。

此外，生石花还有蜕皮现象。新叶子从两片叶子的缝隙之间生出，就像蝉的幼虫破壳而出一样。

由于生石花独特且新奇的外观，在 1920 年代的日本，它的销售价格竟然比钻石还要贵。

名称	生石花（番杏科）	外形大小	叶片直径约 5 厘米
分布	非洲南部	备注	因外观酷似石头，也被称为石头草

植物数据

生石花和大多数植物相反,在冬天生长,夏天休眠（夏眠）。

彩虹桉树的

树干呈**七彩颜色**

鲜艳度

因为色彩极其丰富，即使说它是"梵高晚年的作品"，恐怕也会有人相信。当然，这是天然成就的颜色。

彩虹桉树是生长在菲律宾棉兰老岛等地的一种树木。树身高大，一般可达70米。**在成长过程中，彩虹桉树的树皮会不断地脱落，**这就是造成树干会变颜色的原因。树皮脱落的部分暴露在空气中，**随着时间的流逝，呈现出蓝色→紫色→橙色→红褐色的色彩变化。**不同的颜色代表树皮的不同年龄。

尤为重要的是，由于树皮是一点一点脱落的，所以，先脱落的部位和后脱落的部位出现了色差。于是，**宛如彩虹般神奇的色彩搭配便就此完成。**

植物数据

名称	彩虹桉树（桃金娘科）
分布	热带及亚热带
外形大小	树高30~70米
备注	可从树干上采集用于造纸原料的木浆

是唯一在北半球自然生长的桉树种类。

156

后记

这本书里介绍了许多神奇的植物。
这些植物的外形或生态环境看似令人费解、不可思议，
但其背后都有各自的理由或生存战略。

在漫长的岁月中，
植物们顽强地生存至今。
即使一生都无法走动，
但只要有阳光、空气、水，它们就能存活下去。
只要利用风和昆虫，
它们就能传播花粉和种子，并繁衍子孙后代。
即使在沙漠、高山、海边、一次次泛滥的河流、
山火之后的荒地，甚至是水里，也没有关系。
无论怎样的环境，它们都能生存下去。
即使被连根拔起，它们也能迅速发芽，增加自己的伙伴。

有时甚至还能使用强大的武器来保护自己。

就这样，它们给地球披上了绿装，
养育着地球上所有的动物。

乍一看，似乎很低调、柔弱的植物，
其实是强大的生物。
由衷地希望各位能通过这本书，
改变你对植物的认识。

菅原久夫

索 引

参考文献

『植物はすごい　生き残りをかけたしくみと工夫』（田中修 著／中央公論新社）

『そらみみ植物園』（西畠清順 著／そらみみ工房 画／東京書籍）

『地球200周！　ふしぎ植物探検記』（山口進 著／PHP研究所）

『植物の私生活』（デービッド・アッテンボロー 著／門田裕一 監訳／手塚勲＋小堀民恵 訳／山と渓谷社）

『邪悪な植物　リンカーンの母殺し！　植物のさまざまな蛮行』
　（エイミー・スチュワート 著／山形浩生 監訳／守岡桜 訳／朝日出版社）

『ミラクル植物記』（土橋豊 著／トンボ出版）

『森を食べる植物　腐生植物の知られざる世界』（塚谷裕一 著／岩波書店）

『ふしぎな生きものカビ・キノコ　菌学入門』（ニコラス・マネー 著／小川真 訳／築地書館）

『花の王国 第4巻（珍奇植物）』（荒俣宏 著／平凡社）

『毒草の誘惑』（植松黎 著／講談社）

『きのこの下には死体が眠る!? 菌糸が織りなす不思議な世界』（吹春俊光 著／技術評論社）

『毒きのこ　世にもかわいい危険な生きもの』（白水貴 監修／新井文彦 写真／幻冬舎）

『たたかう植物　仁義なき生存戦略』（稲垣栄洋 著／筑摩書房）

『怖くて眠れなくなる植物学』（稲垣栄洋 著／PHP研究所）

『植物はそこまで知っている　感覚に満ちた世界に生きる植物たち』
　（ダニエル・チャモヴィッツ 著／矢野真千子 訳／河出書房新社）

『粘菌　その驚くべき知性』（中垣俊之 著／PHP研究所）

『粘菌　偉大なる単細胞が人類を救う』（中垣俊之 著／文藝春秋）

『ふしぎの植物学　身近な緑の知恵と仕事』（田中修 著／中央公論新社）

『植物の生存戦略 「じっとしているという知恵」に学ぶ』
　（「植物の軸と情報」特定領域研究班 編／朝日新聞社）

『へんてこりんな植物』（バイインターナショナル）

『驚異の植物 花の不思議　知られざる花と植物の世界』（ニュートンプレス）

『植物は〈知性〉をもっている　20の感覚で思考する生命システム』
　（ステファノ・マンクーゾ＋アレッサンドラ・ヴィオラ 著／久保耕司 訳／NHK出版）

『雑草の成功戦略　逆境を生きぬく知恵』（稲垣栄洋 著／NTT出版）

『「植物」という不思議な生き方』（蓮実香佑 著／PHP研究所）

『アセビは羊を中毒死させる　樹木の個性と生き残り戦略』（渡辺一夫 著／築地書館）

『イタヤカエデはなぜ自ら幹を枯らすのか　樹木の個性と生き残り戦略』（渡辺一夫 著／築地書館）

『植物のあっぱれな生き方　生を全うする驚異のしくみ』（田中修 著／幻冬舎）

『毒のある美しい植物　危険な草木の小図鑑』（フレデリック・ギラム 著／山田美明 訳／創元社）

图书在版编目（CIP）数据

哎呀，植物竟然这样神奇 ：超有趣的植物图鉴／
（日）菅原久夫主编；（日）泽田宪著 ；（日）白井匠，
（日）栗原崇，（日）桥野千鹤子绘 ；梁华译 . -- 北京 ：
北京联合出版公司，2023.5
　ISBN 978-7-5596-6749-6

　Ⅰ . ①哎… Ⅱ . ①菅… ②泽… ③白… ④栗… ⑤桥
… ⑥梁… Ⅲ . ①植物－少儿读物 Ⅳ . ① Q94-49

中国国家版本馆 CIP 数据核字 (2023) 第 041589 号

DAREKA NI HANASHITAKU NARU AYASHII SYOKUBUTSU ZUKAN
by Hisao Sugawara, Takumi Shirai, Takashi Kurihara
Copyright © 2019 Hisao Sugawara, Takumi Shirai, Takashi Kurihara
Simplified Chinese translation copyright ©2023 by Beijing Tianlue Books Co.,Ltd.
All rights reserved.
Original Japanese language edition published by Diamond, Inc.
Simplified Chinese translation rights arranged with Diamond, Inc.
through Japan UNI Agency, Inc., Tokyo
审图号：GS 京 （2022）0951 号
本文插图系原文插图

哎呀，植物竟然这样神奇：超有趣的植物图鉴

主　　编：[日] 菅原久夫
作　　者：[日] 泽田宪
绘　　者：[日] 白井匠 栗原崇 桥野千鹤子
译　　者：梁　华
出 品 人：赵红仕
选题策划：北京天略图书有限公司
责任编辑：牛炜征
特约编辑：高　英
责任校对：钱凯悦
美术编辑：小虎熊

北京联合出版公司出版
（北京市西城区德胜门外大街 83 号楼 9 层 100088）
北京联合天畅文化传播公司发行
河北尚唐印刷包装有限公司印刷　　新华书店经销
字数 80 千字　880 毫米 ×1230 毫米　1/32　6 印张
2023 年 5 月第 1 版　　2023 年 5 月第 1 次印刷
ISBN 978-7-5596-6749-6
定价：49.80 元

一点也不奇怪！

超浅显易懂的

气候类型

植物地图

高英 ◎ 译

热带？寒带？……

浅显易懂的地图

给还没有完全掌握的同学

地球的
气候因地而异！

我们只有一个地球。根据不同的地理位置，我们亲身感受到的气候也会有很大的差异。

因为气有点复杂，以我们就来明扼要地解一下吧。地围绕着太阳转，因此，阳光照射最足的地球正

为什么会这样呢？

植物不会移动，所以必须在同一个地方度过一生。因此，只有符合环境特征和形态特征的植物才能存活下来。其实，地球也因此而生长着丰富多样的植物！

而且，不同的气候也会使植物生长发生骤变

寒带气候

冷啊

亚寒带气候

好热

温带气候

热带气候

干旱气候

气候是有名称的

（赤道）附近，是处于太阳的正方，所以就会很，越往北或往南越冷。

如何区分气候类型呢？思考方法有许多种。在这里，我们大致分为五个部分来介绍，每个部分都是和上面的地图相对应的，请对照着看吧。

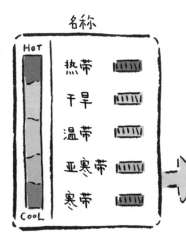

名称

HOT

热带

干旱带

温带

亚寒带

寒带

COOL

HOT
热带植物

热带气候的特点是该地区一年四季炎热多雨。即使日温度低也在 18 摄氏度以上。

这是最适合植物生长的环境。根据降雨量不同，还可以分为三种气候。

在热带和温带之间，冬季比较暖和的地区为"亚热带气候"。

简而言之
······

太阳光照充足，植物茁壮成长！

毒番石榴
（P.38）

香蕉
（P.72）

热带季风气候

终年炎热多雨，但冬季降雨少。适合种植水稻和香蕉等。

积水凤梨
（P.128）

大王花
（P.104）

热带雨林气〔候〕

终年炎热多雨，常发〔生〕一种叫"飚（biāo）"〔的〕天气现象，伴有暴雨〔，〕生长着高大的树木和〔藤〕蔓植物，枝繁叶茂〔，〕郁葱葱。

热带草原气候

终年炎热，雨季和旱季分明。草原广阔，树木稀疏，但旱季时草木枯萎，树叶凋零。

魔鬼爪
（P.12）

DRY 干旱气候 的植物

干旱气候的特点是降水奇缺，干旱严重，而且日温差大，风沙大。根据降雨量的不同，还可以分为两种气候。

树木在这种环境下几乎无法生存，因为树木生长需要吸收大量的水分。

百岁兰
（P.139）

简而言之
……

因为没有水，所以树木无法生长。

风滚草
（P.90）

什么都没有……

半干旱气候

虽然气候干燥，但与沙漠气候相比，有一定的降雨量，所以生长着低矮的草类植物，草原辽阔。从很久以前起，生活在那里的人们便从事以牛和马为主的放牧活动。

沙漠气候

几乎终年不下雨，所以几乎寸草不生；空气干燥缺少水分，难以形成云层；太阳光照格外强烈，昼夜温差变化大。

WARM 温带气候 的植物

温带气候的特点是气候宜人。由于适宜居住，所以人口众多，可栽种的植物种类丰富多样。

有三种气候类型：夏季多雨的"温带湿润气候"；温差小和降雨少的"大陆西岸海洋性气候"；全年温暖、夏季降雨少的"地中海气候"。

蒲公英
（P.30）

意大利
红门兰
（P.64）

因为四季分明，所以植物种类丰富多样！

简而言之
……

原来是这样啊！COOL 亚寒带气候

亚寒带气候的特点是夏季短促，冬季漫长。夏季白昼时间长，相反，冬季则黑夜时间长、降雪多。

有两种气候类型：终年降雨多的"亚寒带多雨气候"和夏季降雨多的"亚寒带夏雨气候"。

捕虫菫
（P.18）

刚刚好有森林！　简而言……

树木成长需要有一定的温度和水分。树叶像针一样的针叶树比树叶宽大的阔叶树耐寒、耐干燥，即使在相当寒冷的天气条件下也能生存，但亚寒带气候是树木的极限。

我们要用细长的树叶抵挡严寒和干燥！

针叶树

我们要用宽大的树叶尽情享受太阳光的照射！

阔叶树

原来是这样啊！超 COOL 寒带气候

寒带气候是地球上最寒冷的气候类型。一年中，也会有完全看不到太阳升起的日子。只下雪，不下雨。树木和蔬菜都无法生长，所以人们以狩猎和捕鱼为生。

苔藓堆
（P.46）

极度寒冷，植物稀少……　简而言……

苔原气候

终年寒冷，但夏季平均气温可达 0 摄氏度以上，冰雪融化，地表的冻土也能解冻，可以生长苔藓类植物。有些地区还能生长高山植物或低矮的灌木。

冰原气候

终年寒冷，即使夏季平均气温也达不到 0 摄氏度以上的气候类型。地面终年冰雪覆盖，不能融化，植物难以生长。

靠吃苔藓度日

因为日本从北海道至冲绳，南北狭长，所以从亚寒带气候到亚热带气候，分布有各种气候类型。而且，太平洋沿岸和日本海沿岸的气候也各不相同。因此，如果周游日本各地，就可以看到丰富多样的植物，是不可多得的气候宝库。

那么，日本生长或者种植着什么样的植物呢？我们用一幅画来描绘吧。

黑百合　　鱼鳞云杉

玫瑰

北海道

夏季不那么炎热，冬季较寒冷。降雨少，没有梅雨季节。

亚寒带

日本海沿岸

冬季多降雨和降雪，北部地区积雪厚。夏季多晴朗天气。

温带

中央高地

夏季和冬季的温差较大。全年降雨少。

雪山茶花

郁金香

水仙

文殊兰

龙胆

橄榄

对橡果

桃

锥栗橡果

银杏

橘子

太平洋沿岸

夏季降雨多，南部地区闷热。冬季多晴朗天气。

濑户内海沿岸

全年降雨少，气候温暖。

朱槿

榕树

琉球群岛

全年温暖，降雨多，台风也多。

刺桐

亚热带

地球上生长着
这么多神奇的植物,
也许是因为气候的原因。